工学结合·基于工作过程导向的项目化创新系列教材
国家示范性高等职业教育土建类"十三五"规划教材

安装工程预算

ANZHUANG

GONGCHENG YUSUAN

主　编　柳婷婷

副主编　姚洪文　胡　凯

　　　　欧阳志　杨渝青

　　　　方菲菲

主　审　傅　艺　贾宏俊

华中科技大学出版社

http://www.hustp.com

中国·武汉

内 容 简 介

本书主要介绍建筑安装工程定额的应用和预算编制,着重论述在一般工业和民用建筑工程中,如何进行电气安装工程、管道安装工程、通风空调工程施工图计算的基本原理和方法,同时重点讲述了基于《上海市安装工程预算定额》(2016年版)的工程量计算方法。

本书是根据工程造价专业的教学大纲编写而成的,在编写过程中,编者力求体现高职高专教育的特点,力求满足高职高专教育培养技术应用型人才的要求,力求内容精练、突出应用、加强实践,旨在培养服务工程生产第一线的技术型、实践型、应用型人才。本书内容以"必需、必要、够用"为原则,注重知识的实用性和培养学生分析问题、解决问题的能力。

为了方便教学,本书还配有电子课件等教学资源包,任课教师和学生可以登录"我们爱读书"网(www.ibook4us.com)注册并浏览,任课教师还可以发邮件至 husttujian@163.com 索取。

图书在版编目(CIP)数据

安装工程预算/柳婷婷主编. —武汉:华中科技大学出版社,2019.8(2025.1重印)
国家示范性高等职业教育土建类"十三五"规划教材
ISBN 978-7-5680-5563-5

Ⅰ.①安… Ⅱ.①柳… Ⅲ.①建筑安装-建筑预算定额-高等职业教育-教材 Ⅳ.①TU723.3

中国版本图书馆 CIP 数据核字(2019)第 184228 号

安装工程预算
Anzhuang Gongcheng Yusuan

柳婷婷　主编

策划编辑:康　序
责任编辑:刘　静
责任监印:朱　玢
出版发行:华中科技大学出版社(中国·武汉)　　电话:(027)81321913
　　　　　武汉市东湖新技术开发区华工科技园　　邮编:430223
录　　排:武汉三月禾文化传播有限公司
印　　刷:武汉邮科印务有限公司
开　　本:787mm×1092mm　1/16
印　　张:8.5
字　　数:216千字
版　　次:2025年1月第1版第3次印刷
定　　价:35.00元

前言

● ● ●

"安装工程预算"是高职高专工程造价专业、工程管理专业、设备工程专业的一门主要课程，重点学习、研究在现行的经济政策、规范、规程标准条件下，如何进行建筑安装工程的造价管理和过程控制。

本书主要介绍建筑安装工程定额的应用和预算编制，着重论述在一般工业和民用建筑工程中，如何进行电气安装工程、管道安装工程、通风空调工程施工图计算的基本原理和方法，同时重点讲述了基于《上海市安装工程预算定额》(2016年版)的工程量计算方法。

本书是根据工程造价专业的教学大纲编写而成的，在编写过程中，编者力求体现高职高专教育的特点，力求满足高职高专教育培养技术应用型人才的要求，力求内容精练、突出应用、加强实践，旨在培养服务工程生产第一线的技术型、实践型、应用型人才。本书内容以"必需、必要、够用"为原则，注重知识的实用性和培养学生分析问题、解决问题的能力。

由于"安装工程预算"是一门地域性、政策性、技术性、专业性、综合性很强的专业学科，因此，本书选用大量例题，讲述工程量计算的方法，便于学生自学。

本书由上海城建职业学院柳婷婷担任主编，由枣庄科技职业学院姚洪文、长江工程职业技术学院胡凯、湖南高速铁路职业技术学院欧阳志、重庆能源职业学院杨渝青、内蒙古建筑职业技术学院方菲菲担任副主编。本书在编写过程中得到了上海臻诚建设管理咨询有限公司安装总工戴天文老师的帮助，感谢上海鑫元建设工程咨询有限公司建模师罗建兴、上海中建建筑设计院有限公司建筑师龙慎久为本书绘制插图。全书由上海建科造价咨询有限公司安装技术总监傅艺、山东科技大学贾宏俊教授主审，感谢两位专家提出的宝贵意见。

为了方便教学，本书还配有电子课件等教学资源包，任课教师和学生可以登录"我们爱读书"网(www.ibook4us.com)注册并浏览，任课教师还可以发邮件至 husttujian@163.com 索取。

由于编者水平有限，书中难免有不足之处，恳请广大读者予以批评指正，以便我们在今后的工作中改进和完善。

编　者

2019 年 7 月

目录

———— ○ ○ ○

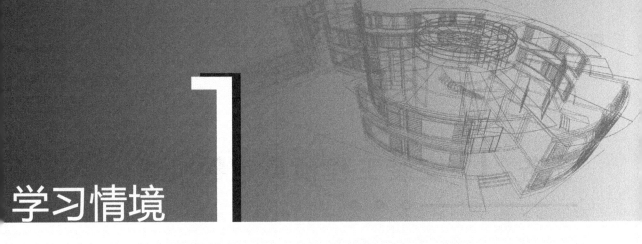

学习情境 1

安装工程预算定额

知识目标

1.识记安装工程造价的定义。

2.识记安装工程预算定额的分类及组成。

3.能识记安装工程造价组成。

4.能叙述安装工程造价费用的计算方法。

技能目标

1.能准确描述安装工程造价的定义。

2.能准确列出安装工程造价的费用组成。

3.能正确进行安装工程费用计算。

任务 1 安装工程预算定额概述

一、安装工程预算定额的概念和作用

1. 安装工程预算定额的概念

安装工程预算定额是指按社会平均必要生产力水平确定的,在合理的施工组织设计、正常的施工条件下,完成安装工程规定计量单位的合格产品所需的人工、材料和机械台班的社会平均消耗数量或资金数量标准。

按照主编单位和执行范围,安装工程预算定额可以划分为四类,即全国统一定额、行业统一定额、地区统一定额、企业定额。

全国统一定额是由国家建设行政主管部门综合全国工程建设中技术和施工组织管理的情况编制的,并在全国范围内执行的定额。

行业统一定额是考虑到各行业部门专业工程技术特点,以及施工生产的管理水平编制的,一般只在本行业和相同专业性质的范围内执行,属于专业定额,如铁路建设工程定额。

地区统一定额包括省、自治区、直辖市制定的定额,是各地区相关主管部门根据本地区自然气候、物质技术、地方资源和交通运输等条件,参照全国统一定额水平编制的,并只能在本地区执行的定额,如上海市安装工程消耗量定额。

企业定额是由施工企业根据本企业具体情况,参照国家、行业或地区定额的水平编制的适用于本企业的定额。该定额只在企业内部使用,是企业素质的标志。一般来说,企业定额水平高于国家、行业或地区现行定额水平,才能满足生产技术发展、企业管理和市场竞争的需求。

若无特别指出,本书中所指的安装工程预算定额是指全国统一定额。

现行《通用安装工程消耗量定额》(TY 02-31—2015)是由住房和城乡建设部组织修订的,于2015年9月1日起施行,2000年发布的《全国统一安装工程预算定额》同时废止。

现行的《通用安装工程消耗量定额》(TY 02-31—2015)共分为十二分册。

(1)第一册　机械设备安装工程。

(2)第二册　热力设备安装工程。

(3)第三册　静置设备与工艺金属结构制作安装工程。

(4)第四册　电气设备安装工程。

(5)第五册　建筑智能化工程。

(6)第六册　自动化控制仪表安装工程。

(7)第七册　通风空调工程。

(8)第八册　工业管道工程。

（9）第九册　消防工程。

（10）第十册　给排水、采暖、燃气工程。

（11）第十一册　通信设备及线路工程。

（12）第十二册　刷油、防腐蚀、绝热工程。

2. 安装工程预算定额的作用

（1）安装工程预算定额是统一全国安装工程预算工程量计算规则、项目划分、计量单位的依据。

（2）安装工程预算定额是编制施工图预算、确定安装工程造价的依据。

（3）安装工程预算定额是在工程招投标中合理确定招标标底、投标报价的依据。

（4）安装工程预算定额是施工企业编制施工组织设计，确定劳动力、材料、机械台班需用量计划的依据。

（5）安装工程预算定额是建设单位拨付工程价款、建设资金和编制竣工结算的依据。

（6）安装工程预算定额是施工企业实施经济核算制、考核工程成本、进行经济活动分析的依据。

（7）安装工程预算定额是对设计方案和施工方案进行技术经济评价的依据。

（8）安装工程预算定额是编制概算定额（指标）、投资估算指标的基础。

（9）安装工程预算定额是制定企业定额的基础。

二、安装工程预算定额的编制原则和编制依据

1. 安装工程预算定额的编制原则

（1）坚持科学合理、实事求是、简明适用的原则。保留《全国统一安装工程预算定额》（2000年版）中符合建设工程实际的项目；根据实际调整《全国统一安装工程预算定额》（2000年版）中不合理、不准确、不适用的项目；根据"四新"（新技术、新工艺、新材料、新设备）的推广应用，尽量补充编制相关项目，以满足目前的工程计价需要。

（2）坚持与现行技术标准、规范相适应的原则。重点关注由于新旧工程技术标准的改变所引起的各消耗量种类和数量的变化并做出相应的调整，做到与现行技术标准、规范要求相吻合；优先采用现行的标准图、通用图和参考图，在没有上述图纸时，采用具有代表性的设计图纸。

（3）坚持科学发展观、体现技术进步的原则。反映目前工程建设的技术和施工管理水平、技术装备应用、施工工艺、劳务组织形式等。

（4）坚持项目划分与现行工程计量规范相衔接的原则。章、节和项目的划分与《通用安装工程工程量计算规范》（GB 50856—2013）尽量相一致或协调；对于消耗量定额项目的设置，综合考虑工程类型、施工方法和对造价的影响等后确定。

（5）坚持工程量计算规则、计量单位力求与现行工程计量规范一致的原则。凡能使用《通用安装工程工程量计算规范》（GB 50856—2013）的工程量计算规则、计量单位的，首先遵从《通用安装工程工程量计算规范》（GB 50856—2013）。

2. 安装工程预算定额的编制依据

安装工程预算定额是以国家和有关部门发布的国家现行设计规范、施工及验收规范、技术

操作规程、质量评定标准、产品标准和安全操作规程,现行工程量清单计价规范、计算规范和有关定额为依据,参考有关地区和行业标准、定额,以及典型工程设计、施工和其他资料编制的。编制安装工程预算定额的主要技术依据如下。

(1)《全国统一安装工程预算定额》(2000 年版)。

(2)《通用安装工程工程量计算规范》(GB 50856—2013)。

(3)《全国统一安装工程基础定额》(2006 年版)。

(4)住房和城乡建设部、中国建设工程造价管理协会(简称中价协)对安装工程预算定额编制所发布的有关文件规定、重要参数、综合取定数据,以及相关协调会议的纪要精神。

三、安装工程预算定额的组成内容

《通用安装工程消耗量定额》(TY 02-31—2015)的组成内容如下。

1. 总说明

总说明主要介绍《通用安装工程消耗量定额》(TY 02-31—2015)的种类、编制依据、制定的工艺、施工条件,人工、材料、施工机械台班、施工仪器仪表台班的消耗量,定额的适用情况,水平运输、垂直运输的规定等。

2. 册说明

册说明主要介绍本册定额的适用范围、编制依据、与其他册定额之间的关系、有关定额系数的规定等。

3. 目录

在目录中,定额按分部工程分章,为查、套定额提供索引。

4. 章说明

章说明主要介绍本章定额的适用范围、定额界限划分、定额工作内容、计算规则和有关定额系数的规定等。

5. 定额项目表

定额项目表是各册安装工程预算定额的核心内容,包括表头和表格两个部分。

(1)表头。表头由项目名称、工作内容、计量单位组成。

(2)表格。表格包括定额编号、项目、子目、各种消耗量指标等内容。定额项目表格是预算定额的主要组成部分,表内反映了每计量单位的项目所需消耗的各种人工、材料、机械台班。

6. 附录

附录一般置于各册的定额项目表后面,常为编制定额时所需用到的相关资料和含量表等。

7. 工程量计算规则

工程量计算规则是指对各计量项目工程量的计算单位、计算范围、计算方法等所做的具体规定。

四、安装工程预算定额中人工、材料、机械台班消耗量的确定

1. 人工消耗量的确定

安装工程预算定额人工消耗量是指在正常施工条件下,完成单位合格产品所必须消耗的人工工日数量。

人工工日的确定方法是:对于在实际执行过程中反应不大、基本符合实际消耗的定额项目,参照现行《全国统一劳动定额》(2008 年版)、《全国统一安装工程基础定额》(2006 年版)消耗量标准进行计算;对于在实际执行过程中反应较大、定额消耗与实际消耗有较大差距的定额子目,采用类比分析法,经分析,合理取定定额的含量;参照建筑安装市场水平、行业或省市安装预算定额水平,经分析并综合取定消耗量。

在采用新设备、新技术、新工艺的情况下,实测现场实际情况,按工作日写实法,综合确定一个班组或一个项目的人工综合消耗量,以此为基础,计算规定定额计量单位的人工消耗量。

2. 材料消耗量的确定

安装工程预算定额材料消耗量是指在正常的施工条件和节约、合理使用材料的条件下,完成单位合格产品所必须消耗的材料数量。

材料消耗量的确定方法是:材料选用符合国家质量标准和相应设计要求的合格产品;材料、成品、半成品均按品种、规格逐一列出消耗量,包括相应的损耗量;在安装定额执行过程中反应较大的项目,根据工程的实际情况并结合现行施工验收规范的要求,重新计算材料的消耗量;对于进入定额子目的周转性材料,如木板、道木等,按周转次数摊销计入定额项目;对于用量少、价值小的材料,不列具体名称、规格和型号,合并为其他材料;其他材料费综合按相应项目中安装辅助材料费的一定比例计取。

3. 机械台班消耗量的确定

安装工程预算定额中的施工机械是配合工人班组工作的,配备在作业小组中的中小型机械。

机械台班消耗量的确定方法是:坚持"合理",并与目前在工程现场中常用的施工机械类型相协调的原则,经综合考虑机械性能、机械效率、操作水平、必要间歇时间、幅度差等因素后合理确定。随着施工机械化整体水平的提高,对定额中的施工机械消耗量水平做了适当调整,同时,相应减少了定额中人工的消耗量。凡单位价值在 2 000 元以内,使用年限在 2 年以内,不构成固定资产的工具、用具等小型工器具未进入安装工程预算定额,但动力燃料的消耗量列入材料消耗量。

五、人工、材料、机械台班消耗量的表现形式

按照《全国统一定额修编统一性技术规定》,安装工程预算定额对人工、材料、机械台班仅列

消耗量,不设单价和基价。人工以合计工日表示,并分列普工、一般技工、高级技工。其中普工、一般技工、高级技工的消耗量,是根据不同定额子目的特点和施工技术要求,按相应的比例取定的。材料、成品、半成品均按品种、规格逐一列出消耗量,包括相应的损耗量。进入定额子目的周转性材料,如木板、道木等,按周转次数摊销计入定额项目。对于用量少、价值小的材料,不列具体名称、规格和型号,合并为其他材料。其他材料费综合按相应项目中安装辅助材料费的一定比例(3%～5%)计取。

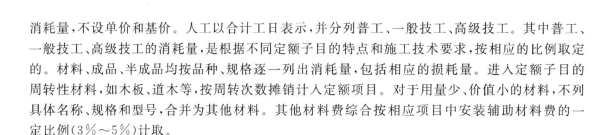

任务 2 安装工程造价组成

2013 年 3 月 21 日,住房和城乡建设部、财政部印发《住房城乡建设部 财政部关于印发〈建筑安装工程费用项目组成〉的通知》(建标〔2013〕44 号)文件。该文件对建筑安装工程费用组成做了详细规定。《住房城乡建设部 财政部关于印发〈建筑安装工程费用项目组成〉的通知》规定,建筑安装工程费用项目按费用构成要素组成划分为人工费、材料费、施工机具使用费、企业管理费、利润、规费和税金,按工程造价形成顺序划分为分部分项工程费、措施项目费、其他项目费、规费和税金。其中人工费、材料费、施工机具使用费、企业管理费和利润包含在分部分项工程费、措施项目费、其他项目费中。

一、人工费

人工费是指按工资总额构成规定,支付给从事建筑安装工程施工的生产工人和附属生产单位工人的各项费用。人工费的内容如下。

(1) 计时工资或计件工资。计时工费或计件工资是指按计时工资标准和工作时间或对已做工作按计件单价支付给个人的劳动报酬。

(2) 奖金。奖金是指对超额劳动和增收节支支付给个人的劳动报酬,如节约奖、劳动竞赛奖等。

(3) 津贴补贴。津贴补贴是指为了补偿职工特殊或额外的劳动消耗和因其他特殊原因支付给个人的津贴,以及为了保证职工工资水平不受物价影响支付给个人的物价补贴,如流动施工津贴、特殊地区施工津贴、高温(寒)作业临时津贴、高空津贴等。

(4) 加班加点工资。加班加点工资是指按规定支付的在法定节假日工作的加班工资和在法定日工作时间外延时工作的加点工资。

(5) 特殊情况下支付的工资。特殊情况下支付的工资是指根据国家法律、法规和政策规定,因病、工伤、产假、计划生育假、婚丧假、事假、探亲假、定期休假、停工学习、执行国家或社会义务等原因按计时工资标准或计时工资标准的一定比例支付的工资。

二、材料费

材料费是指施工过程中耗费的原材料、辅助材料、构配件、零件、半成品或成品、工程设备的费用。材料费的内容如下。

（1）材料原价。材料原价是指材料、工程设备的出厂价格或商家供应价格。

（2）运杂费。运杂费是指材料、工程设备自来源地运至工地仓库或指定堆放地点所发生的全部费用。

（3）运输损耗费。运输损耗费是指材料在运输装卸过程中不可避免的损耗。

（4）采购及保管费。采购及保管费是指为组织采购、供应和保管材料、工程设备的过程中所需要的各项费用，包括采购费、仓储费、工地保管费、仓储损耗。

工程设备是指构成或计划构成永久工程一部分的机电设备、金属结构设备、仪器装置及其他类似的设备和装置。

三、施工机具使用费

施工机具使用费是指施工作业所发生的施工机械、仪器仪表使用费或其租赁费。它包括以下内容。

1.施工机械使用费

施工机械使用费以施工机械台班消耗量乘以施工机械台班单价表示。施工机械台班单价应由下列七项费用组成。

（1）折旧费。折旧费是指施工机械在规定的使用年限内，陆续收回其原值的费用。

（2）大修理费。大修理费是指施工机械按规定的大修理间隔台班进行必要的大修理，以恢复其正常功能所需的费用。

（3）经常修理费。经常修理费是指施工机械除大修理以外的各级保养和临时故障排除所需的费用。经常修理费包括为保障机械正常运转所需替换设备与随机配备工具附具的摊销和维护费用，机械运转中日常保养所需润滑与擦拭的材料费用及机械停滞期间的维护和保养费用等。

（4）安拆费及场外运费。安拆费是指施工机械（大型机械除外）在现场进行安装与拆卸所需的人工、材料、机械和试运转费用以及机械辅助设施的折旧、搭设、拆除等费用。场外运费是指施工机械整体或分体自停放地点运至施工现场或由一施工地点运至另一施工地点的运输、装卸、辅助材料及架线等费用。

（5）人工费。人工费指机上司机（司炉）和其他操作人员的人工费。

（6）燃料动力费。燃料动力费是指施工机械在运转作业中所消耗的各种燃料及水、电等费用。

（7）税费。税费是指施工机械按照国家规定应缴纳的车船使用税、保险费及年检费等。

2.仪器仪表使用费

仪器仪表使用费是指工程施工所需使用的仪器仪表的摊销及维修费用。

四、企业管理费

企业管理费是指建筑安装企业组织施工生产和经营管理所需的费用。企业管理费的内容如下。

（1）管理人员工资。管理人员工资是指按规定支付给管理人员的计时工资、奖金、津贴补贴、加班加点工资及特殊情况下支付的工资等。

（2）办公费。办公费是指企业管理办公用的文具、纸张、账表、印刷、邮电、书报、办公软件、现场监控、会议、水电、烧水和集体取暖降温（包括现场临时宿舍取暖降温）等费用。

（3）差旅交通费。差旅交通费是指职工因公出差、调动工作的差旅费、住勤补助费，市内交通费和误餐补助费，职工探亲路费，劳动力招募费，职工退休、退职一次性路费，工伤人员就医路费，工地转移费以及管理部门使用的交通工具的油料、燃料等费用。

（4）固定资产使用费。固定资产使用费是指管理和试验部门及附属生产单位使用的属于固定资产的房屋、设备、仪器等的折旧、大修、维修或租赁费。

（5）工具用具使用费。工具用具使用费是指企业施工生产和管理使用的不属于固定资产的工具、器具、家具、交通工具和检验、试验、测绘、消防用具等的购置、维修和摊销费。

（6）劳动保险和职工福利费。劳动保险和职工福利费是指由企业支付的职工退职金、按规定支付给离休干部的经费、集体福利费、夏季防暑降温补贴、冬季取暖补贴、上下班交通补贴等。

（7）劳动保护费。劳动保护费是企业按规定发放的劳动保护用品的支出，如工作服费用、手套费用、防暑降温饮料费用以及在有碍身体健康的环境中施工的保健费用等。

（8）检验试验费。检验试验费是指施工企业按照有关标准规定，对建筑以及材料、构件和建筑安装物进行一般鉴定、检查所发生的费用，包括自设试验室进行试验所耗用的材料等费用。检验试验费不包括新结构、新材料的试验费，对构件做破坏性试验及其他特殊要求检验试验的费用和建设单位委托检测机构进行检测的费用。对此类检测发生的费用，由建设单位在工程建设其他费用中列支。但对施工企业提供的具有合格证明的材料进行检测且结果为不合格的，该检测费用由施工企业支付。

（9）工会经费。工会经费是指企业按《中华人民共和国工会法》规定的全部职工工资总额比例计提的工会经费。

（10）职工教育经费。职工教育经费是指按职工工资总额的规定比例计提，企业为职工进行专业技术和职业技能培训，专业技术人员继续教育、职工职业技能鉴定、职业资格认定以及根据需要对职工进行各类文化教育所发生的费用。

（11）财产保险费。财产保险费是指施工管理用财产、车辆等的保险费用。

（12）财务费。财务费是指企业为施工生产筹集资金或提供预付款担保、履约担保、职工工资支付担保等所发生的各种费用。

（13）税金。税金是指企业按规定缴纳的房产税、车船使用税、土地使用税、印花税等。

（14）其他。其他包括技术转让费、技术开发费、投标费、业务招待费、绿化费、广告费、公证费、法律顾问费、审计费、咨询费、保险费等。

五、利润

利润是指施工企业完成所承包工程获得的盈利。

六、规费

规费是指按国家法律、法规规定,由省级政府和省级有关权力部门规定必须缴纳或计取的费用。规费的内容如下。

1. 社会保险费

(1) 养老保险费。养老保险费是指企业按照规定标准为职工缴纳的基本养老保险费。
(2) 失业保险费。失业保险费是指企业按照规定标准为职工缴纳的失业保险费。
(3) 医疗保险费。医疗保险费是指企业按照规定标准为职工缴纳的基本医疗保险费。
(4) 生育保险费。生育保险费是指企业按照规定标准为职工缴纳的生育保险费。
(5) 工伤保险费。工伤保险费是指企业按照规定标准为职工缴纳的工伤保险费。

2. 住房公积金

住房公积金是指企业按规定标准为职工缴纳的长期住房储蓄。

3. 工程排污费

工程排污费是指按规定缴纳的施工现场工程排污费。
其他应列而未列入的规费,按实际发生计取。

七、税金

税金是指国家税法规定的应计入建筑安装工程造价内的营业税、城市维护建设税、教育费附加以及地方教育附加。

任务 3 《上海市安装工程预算定额》(2016 年版)

一、《上海市安装工程预算定额》(2016 年版)的编制原则

(1)《上海市安装工程定额》(2016 年版)根据上海市住房和城乡建设管理委员会(原上海市城乡建设和交通委员会)《上海市城乡建设和交通委员会关于同意修编〈上海市建设工程预算定额〉的批复》(沪建交〔2012〕1057 号)及其有关文件的规定,在《上海市安装工程预算定额》(2000 年版)和《通用安装工程消耗量定额》(TY 02-31—2015)的基础上,按国家标准的工程量计算规范,将项目划分、项目名称、计量单位、工程量计算规则等与上海市安装工程实际相衔接,并结合

多年来"新技术、新工艺、新材料、新设备"和节能、环保等绿色建筑的推广应用而编制的量价分离的预算定额。

（2）《上海市安装工程定额》（2016年版）以按正常施工条件、上海市多数施工企业常用的施工方法、机械化程度和合理劳动组织及工期为基础编制，反映了上海地区的社会平均消耗量水平。

二、《上海市安装工程预算定额》（2016年版）的编制依据

《上海市安装工程预算定额》（2016年版）以国家和上海市有关部门发布的国家和上海市现行设计规范、施工及验收规范、技术操作规程、质量评定标准、产品标准和安全操作规程，现行工程量清单计价规范、计算规范和有关定额为依据，参考典型工程设计、施工和其他资料编制而成的。《上海市安装工程预算定额》（2016年版）的主要编制依据如下。

（1）《建设工程工程量清单计价规范》（GB 50500—2013）。

（2）《通用安装工程工程量计算规范》（GB 50586—2013）。

（3）《通用安装工程消耗量定额 TY 02-31—2015　第九册　消防工程》。

（4）《建设工程劳动定额》（安装工程 LD/T 74.1～4—2008）。

（5）《全国统一安装工程基础定额》（GJD 201～209—2006）。

（6）《建设工程施工机械台班费用编制规则》（2015年版）。

（7）《建设工程施工仪器仪表台班费用编制规则》（2015年版）。

（8）《上海市建设工程工程量清单计价应用规则》。

（9）《建设工程人工材料设备机械数据标准》（GB/T 50851—2013）。

（10）《上海市安装工程预算定额》（2000年版）。

（11）国家及本市安装工程通用图纸和标准图集。

（12）国家、行业和上海市现行建设工程技术标准和规范。

（13）现行建设工程典型案例及现场实地调查、测算资料。

三、《上海市安装工程预算定额》（2016年版）的适用范围和作用

《上海市安装工程预算定额》（2016年版）适用于上海市行政区域范围内工业与民用建筑的新建、扩建、改建通用安装工程。

《上海市安装工程预算定额》（2016年版）是完成计量单位分项工程所需人工、材料、施工机械台班的消耗量上海地区的社会平均标准，是统一上海市安装工程预结算项目划分、计量单位、工程量计算规则的依据，是编制施工图预算的依据；是编制投资工程估算、设计概算、最高投标限价的依据，是编制工程量清单综合单价组价的基础；是工程投标报价的参考依据和施工企业编制企业定额的参考依据，也是编制上海市安装工程概算定额、估算指标以及技术经济指标的基础。

四、《上海市安装工程预算定额》（2016年版）的组成

（1）第一册　机械设备安装工程。

（2）第二册　热力设备安装工程。

（3）第三册　静置设备与工艺金属结构制作安装工程。

（4）第四册　电气设备安装工程。

（5）第五册　建筑智能化工程。

（6）第六册　自动化控制装置及仪表安装工程。

（7）第七册　通风空调工程。

（8）第八册　工业管道安装工程。

（9）第九册　消防工程。

（10）第十册　给排水、采暖、燃气工程。

（11）第十一册　通信设备及线路工程。

（12）第十二册　刷油、防腐蚀、绝热工程。

（13）第十三册　电车供电网工程。

五、《上海市安装工程预算定额》（2016 年版）中的材料、机械台班

1. 关于材料及其消耗量的确定

（1）《上海市安装工程预算定额》（2016 年版）采用的材料（包括构配件、零件、半成品、成品）均为符合国家质量标准和相应设计要求的合格产品。

（2）《上海市安装工程预算定额》（2016 年版）中的材料包括施工中消耗的主要材料、辅助材料和其他材料。

（3）《上海市安装工程预算定额》（2016 年版）中的材料消耗量包括净用量和损耗量。损耗量包括从工地仓库、现场集中堆放地点（或现场加工地点）至操作（或安装）地点的施工场内运输损耗量、施工操作损耗量、施工现场堆放损耗量等。材料损耗率见各册附录。

（4）用量少、低值易耗的零星材料和周转性材料（部分章册除外），被列为其他材料，以其他材料费占辅材的百分比计取。

2. 关于机械和机械台班消耗量的确定

（1）《上海市安装工程预算定额》（2016 年版）中的机械按常用机械、合理机械配备和施工企业的机械化装备程度，并结合工程实际综合确定。

（2）《上海市安装工程预算定额》（2016 年版）中的机械台班消耗量是按正常机械施工工效并考虑机械幅度差综合取定的。

（3）凡单位价值 2000 元以内、使用年限在 1 年以内的不构成固定资产的施工机械、工具、用具等，不列入机械台班消耗量。

3. 关于仪器仪表台班消耗量的确定

（1）《上海市安装工程预算定额》（2016 年版）中的仪器仪表台班消耗量按正常施工工效综合取定。

（2）凡单位价值 2 000 元以内、使用年限在 1 年以内的不构成固定资产的仪器仪表,不列入仪器仪表台班消耗量。

六、《上海市安装工程预算定额》(2016 年版)关于水平和垂直运输

（1）工程设备。

工程设备的运输包括自安装现场指定堆放地点运至安装地点的水平和垂直运输。

（2）材料、成品、半成品。

材料、成品、半成品的运输包括自施工单位现场仓库或现场指定堆放地点运至安装地点的水平和垂直运输。

（3）垂直运输基准面。

室内以室内地平面为垂直运输基准面,室外以安装现场地平面为垂直运输基准面。

（4）安装操作物高度距离标准以各册定额为依据。

七、《上海市安装工程预算定额》(2016 年版)中的共性问题

1. 高层建筑增加费

（1）高层建筑:高度在 6 层或 20 m(室内设计正负零至建筑物上檐口的高度)以上的工业和民用建筑。

（2）费率计取。

第四册高层建筑增加费按表 1-1 计取。

表 1-1　第四册高层建筑增加费的计取

建筑层数/层	≤9	≤12	≤15	≤18	≤21	≤24	≤27	≤30	≤33	≤36
按人工量的	1%	2%	4%	6%	8%	10%	13%	16%	19%	22%
建筑层数/层	≤39	≤42	≤45	≤48	≤51	≤54	≤57	≤60	≤65	≤70
按人工量的	25%	28%	31%	34%	37%	40%	43%	46%	49%	52%
建筑层数/层	≤75	≤80	≤85	≤90	≤96	≤100	≤105	≤110	≤115	≤120
按人工量的	55%	58%	61%	64%	67%	70%	73%	76%	79%	82%

通过表 1-1 计算出的高层建筑增加费中,75% 为人工降效,其余为机械降效。

第五册、第七册、第九册、第十册高层建筑增加费按表 1-2 计取。

表 1-2　第五册、第七册、第九册、第十册高层建筑增加费的计取

建筑层数/层	≤12	≤18	≤24	≤30	≤36	≤42	≤48	≤54	≤60
按人工量的	2%	5%	9%	14%	20%	26%	32%	38%	44%

通过表 1-2 计算出的高层建筑增加费中,65% 为人工降效,其余为机械降效。

第十一册高层建筑增加费按表 1-3 计取。

表1-3　第十一册高层建筑增加费的计取

建筑层数/层	≤9	≤12	≤15	≤18	≤21	≤24	≤27	≤30	≤33	≤36
按人工量的	1%	2%	4%	6%	8%	10%	13%	16%	19%	22%
建筑层数/层	≤39	≤42	≤45	≤48	≤51	≤54	≤57	≤60	≤65	≤70
按人工量的	25%	28%	31%	34%	37%	40%	43%	46%	49%	52%
建筑层数/层	≤75	≤80	≤85	≤90	≤95	≤100	≤105	≤110	≤115	≤120
按人工量的	55%	58%	61%	64%	67%	70%	73%	76%	79%	82%

通过表1-3计算出的高层建筑增加费中,65%为人工降效,其余为机械降效。

2. 工程超高费

工程超高费即操作高度增加费,操作高度是指该安装物离地面的高度。

第一册工程超高费:设备底座的安装标高超过地平面±10 m时,按超过部分工程量的定额人工、机械乘以表1-4中的系数计取。

表1-4　第一册工程超高费的计取

设备底座正或负标高/m	≤20	≤30	≤40	≤60
系数	1.15	1.20	1.30	1.50

设备底座的安装标高超过60 m时,每增加20 m,系数增加10%。

第四册、第六册、第十一册工程超高费(已考虑了超高因素的定额项目除外):对于操作物高度离楼地面5 m以上的电气安装工程或仪表安装工程,定额人工乘以表1-5中的系数。工程超高费全部为人工费。

表1-5　第四册、第六册、第十一册工程超高费的计取

操作物高度	≤10 m	≤20 m	>20 m
系数	1.25	1.4	1.8

第五册工程超高费:操作物高度离楼地面距离5 m以上时,定额人工乘以表1-6中的系数。工程超高费全部为人工费。

表1-6　第五册工程超高费的计取

操作物高度	≤10 m	≤30 m	≤50 m
系数	1.20	1.30	1.50

第七册工程超高费:操作物高度离楼地面超过6 m时,超过部分工程量按定额人工乘以系数1.2。工程超高费全部为人工费。

第八册工程超高费:本册定额施工高度以基准20 m以内取定,施工高度超过20 m时,超过部分工程量的定额人工、机械台班乘以表1-7中的系数。工程超高费分别为人工费、机械费用。

表1-7　第八册工程超高费的计取

操作物高度	≤30 m	≤50 m	>50 m
系数	1.2	1.5	协商

第九册工程超高费:操作物高度离楼地面高度超过5 m时,超过部分工程量按定额人工乘

以表 1-8 中的系数。工程超高费全部为人工费。

表 1-8 第九册工程超高费的计取

操作物高度	≤10 m	≤30 m
系数	1.1	1.2

第十册工程超高费:操作物高度离楼地面超过 3.6 m 时,超过部分工程量按定额人工乘以表 1-9 中的系数。工程超高费全部为人工费。

表 1-9 第十册工程超高费的计取

操作物高度	≤10 m	≤30 m	≤50 m
系数	1.10	1.20	1.50

第十二册工程超高费:操作物高度离楼地面标高超过 6.0 m 时,超过部分工程量按定额人工、机械费乘以表 1-10 中的系数。

表 1-10 第十二册工程超高费的计取

操作物高度	≤30 m	≤50 m
系数	1.2	1.5

3. 脚手架搭拆

(1)脚手架搭拆费用的取费基数:人工费。

(2)除第四章、第五章外,第一册其余各章均按实计算。

(3)脚手架各分册的取费费率如表 1-11 所示。

表 1-11 脚手架各分册的取费费率

分 册	取 费 费 率	
第一册	第四章、第五章	8%
第二册	除第七章外 供热热力设备安装工程	10%
	工业与民用锅炉安装工程	7.5%
第三册	10%	
第四册	35 kV 变配电工程及 10 kV 以下架空线路除外	2%
第六册	2%	
第七册	4%	
第八册	10%	
第九册	5%	
第十册	5%	
第十一册	1.5%	
第十二册	刷油、防腐蚀工程	7%
	绝热工程	10%

任务 4 上海市建设工程施工费用计算规则

一、费用计算规则制定依据

为了加强建设工程造价管理，规范建设工程施工费用计价行为，根据《住房城乡建设部 财政部关于印发〈建筑安装工程费用项目组成〉的通知》（建标〔2013〕44号）、《财政部 国家税务总局关于全面推开营业税改征增值税试点的通知》（财税〔2016〕36号）等文件的规定，结合上海市实际情况，制定上海市建设工程施工费用计算规则。

二、费用计算规则适用范围

上海市建设工程施工费用计算规则适用于上海市行政区域范围内的建筑和装饰、安装、市政、城市轨道交通、园林、燃气、民防、水务、房屋修缮等建设工程预算定额计价方式。

三、建设工程施工费用的内容组成

建设工程施工费用由直接费、企业管理费和利润、措施费、规费、增值税等要素内容组成。

1. 直接费的内容及计算方法

直接费是指施工过程中耗费的构成工程实体和部分有助于工程形成的各项费用（包括人工费、材料费和施工机具使用费）。

1）人工费

（1）人工单价是指在单位工作日内，支付给直接从事建筑安装工程施工作业的生产工人和附属生产单位工人的各项费用，一般包括计时工资或计件工资、奖金、津贴补贴、社会保险费（个人缴纳部分）等。

（2）人工费的计算方法：由发承包双方以人工单价包括的内容为基础，根据建设工程具体特点及市场情况，采用工程造价管理机构发布的建设工程人工价格信息，或参照建筑劳务市场人工价格，约定人工单价，并乘以定额工日耗量计算。

2）材料费

（1）材料单价是指单位材料价格和从供货单位运至工地耗费的所有费用之和，一般包括材料的原价（供应价）、市内运输费、运输损耗等，不包含增值税可抵扣进项税额。

（2）材料费的计算方法：由发承包双方以材料单价包括的内容为基础，根据建设工程具体特点及市场情况，采用工程造价管理机构发布的建设工程材料价格信息，或参照建筑、建材市场材料价格,约定材料单价,并乘以定额材料耗量计算。

3)施工机具使用费

(1)施工机具使用费由工程施工作业所发生的施工机械、仪器仪表使用费或租赁费组成,不包含增值税可抵扣进项税额。

(2)施工机械使用费=施工机械台班消耗量×施工机械摊销台班单价。其中施工机械摊销台班单价包括折旧费、大修理费、经常修理费、安拆费及场外运费(大型机械除外)、机上和其他操作人员人工费、燃料动力费、车船使用税、保险费及年检费等。

(3)施工机械使用费的计算方法:由发承包双方以施工机械摊销台班单价包括的内容为基础,根据建设工程具体特点及市场情况,采用工程造价管理机构发布的建设工程施工机械摊销台班价格信息,或根据国家相关规定测算,约定施工机械摊销台班单价,并乘以定额台班耗量计算。

(4)大型机械安、拆,场外运输,路基轨道铺设等费用,由发承包双方按招标文件和批准的施工组织设计所指定大型机械,根据建设工程具体特点及市场情况,采用工程造价管理机构发布的价格信息,在合同中约定。

(5)仪器仪表使用费=仪器仪表台班消耗量×仪器仪表摊销台班单价。其中仪器仪表摊销台班单价包括工程使用的仪器仪表摊销费和维修费。

(6)仪器仪表使用费的计算方法:由发承包双方以仪器仪表摊销台班单价包括的内容为基础,根据建设工程具体特点及市场情况,采用工程造价管理机构发布的建设工程仪器仪表摊销台班价格信息,或根据国家相关规定测算,约定仪器仪表摊销台班单价,并乘以定额台班耗量计算仪器仪表使用费。

(7)施工机械租赁费=施工机械台班消耗量×施工机械租赁台班单价。

(8)施工机械租赁费的计算方法:由发承包双方以施工机械租赁台班单价包括的内容为基础,根据建设工程具体特点及市场情况,采用工程造价管理机构发布的建设工程施工机械租赁台班价格信息,或参照建设市场施工机械租赁台班价格信息确定。

2.企业管理费和利润的内容及计算方法

1)企业管理费

企业管理费是指建筑安装企业组织施工生产和经营管理所需的费用。企业管理费包括管理人员工资、办公费、差旅交通费、固定资产使用费、工具用具使用费、劳动保险和职工福利费、劳动保护费、材料采购和保管费、检验试验费(内容包括《建筑工程检测试验技术管理规范》(JGJ190—2010)所要求的检验、试验、复测、复验等费用;不包括新结构、新材料的试验费,以及对构件做破坏性试验及其他特殊要求检验试验的费用和建设单位委托检测机构进行检测的费用)、工会经费、职工教育经费、财产保险费、财务费、税金(房产税、车船使用税、土地使用税、印花税)、其他(技术转让费、技术开发费、投标费、业务招待费、绿化费、广告费、公证费、法律顾问费、审计费、咨询费、保险费)等。企业管理费不包含增值税可抵扣进项税额。

此外,城市维护建设税、教育费附加、地方教育附加和河道管理费等附加税费计入企业管理费。

2)利润

利润是指施工企业完成所承包工程获得的盈利。

3) 企业管理费和利润的计算方法

企业管理费和利润以人工费为基数,由发承包双方以企业管理费和利润包括的内容为基础,根据建设工程具体特点及市场情况,参照工程造价管理部门发布的企业管理费和利润的费率,约定企业管理费和利润的费率,并乘以人工费计算。

3. 措施费

1) 安全防护、文明施工措施费的内容及计算方法

(1) 安全防护、文明施工措施费是指按照国家现行的建筑施工安全、施工现场环境与卫生标准和有关规定,用于购置和更新施工安全防护用具及设施、改善安全生产条件和作业环境所需要的费用,不包含增值税可抵扣进项税额。

(2) 安全防护、文明施工措施费的计算方法:以直接费与企业管理费和利润之和为基数,由发承包双方以安全防护、文明施工措施费的内容为基础,根据建设工程具体特点及市场情况,参照工程造价管理机构发布的费率,约定安全防护、文明施工措施费费率,并乘以直接费与企业管理费和利润之和计算。

2) 施工措施费的内容及计算方法

(1) 施工措施费是指施工企业在完成建筑产品时,为承担的社会义务、施工准备、施工方案支付的所有措施费用。施工措施费不包括已列定额子目和企业管理费所包括的费用,不包含增值税可抵扣进项税额。

(2) 施工措施费一般包括夜间施工,非夜间施工照明,二次搬运,冬雨季施工,地上设施、地下设施、建筑物的临时保护设施(施工场地内),已完工程及设备保护,树木、道路、桥梁、管道、电力、通信等改道、迁移等措施费;施工干扰费;工程监测费;工程新材料、新工艺、新技术的研究、检验、试验、技术专利费;创部、市优质工程施工措施费;特殊条件下施工措施费;特殊要求的保险费;港监及交通秩序维持费等。

(3) 施工措施费的计算方法:由发承包双方遵照政府颁布的有关法律、法令、规章及各主管部门的有关规定,以招标文件和批准的施工组织设计所指定的施工方案等所发生的措施费用为基础,根据建设工程具体特点及市场情况,参照工程造价管理机构发布的市场信息价格,以报价的方法在合同中约定价格。

4. 规费的内容及计算方法

规费是指政府和有关权力部门规定必须缴纳的费用。规费主要包括社会保险费、住房公积金。

1) 社会保险费

(1) 社会保险费是指企业按规定标准为职工缴纳的各项社会保险费,一般包括养老保险费、失业保险费、医疗保险费、生育保险费、工伤保险费。

(2) 社会保险费的计算方法:以人工费为基数,由发承包双方根据国家规定的计算方法计算。

2) 住房公积金

(1) 住房公积金是指企业按规定标准为职工缴纳的住房公积金。

(2) 住房公积金的计算方法:以人工费为基数,由发承包双方根据国家规定的计算方法

计算。

5.增值税的内容及计算方法

增值税即当期销项税额,应按国家规定的计算方法计算,列入工程造价。简易计税按照财政部、国家税务总局的规定进行。

四、建设工程施工费用计算顺序表

建设工程施工费用计算顺序表如表 1-12 所示。

表 1-12　建设工程施工费用计算顺序表

序号	项　目		计　算　公　式	备　注
一	直接费		按定额子目规定计算	包括说明
			人工费:定额工日耗量×约定单价	—
			材料费:定额材料耗量×约定单价	不包含增值税可抵扣进项税额
			施工机具使用费:定额台班耗量×约定单价	不包含增值税可抵扣进项税额
二	企业管理费和利润		$\sum$ 人工费×约定费率	不包含增值税可抵扣进项税额
三	措施费	安全防护、文明施工措施费	(直接费+企业管理费和利润)×约定费率	不包含增值税可抵扣进项税额
		施工措施费	以报价方式计取	由双方以合同的方式约定,不包含增值税可抵扣进项税额
四	人工、材料、施工机具差价		结算期信息价-[中标期信息价×(1+风险系数)]	由双方以合同的方式约定,材料费、施工机具使用费中不含增值税可抵扣进项税额
五	规费	社会保险费	按国家规定计取	—
		住房公积金	按国家规定计取	—
六	小计		(一)+(二)+(三)+(四)+(五)	—
七	增值税		(六)×增值税税率	按国家规定计取
八	合计		(六)+(七)	—

学习情境 2

电气设备安装工程工程量计算

知识目标

1. 熟悉电气工程相关定额手册。
2. 识记电气设备安装工程常用材料和设备。
3. 能叙述电气工程安装工程工程量的计算方法。
4. 识记防雷接地系统组成。
5. 能叙述防雷接地工程工程量的计算方法。
6. 识记动力系统的组成。
7. 能叙述动力工程工程量的计算方法。

技能目标

1. 能识记定额中各项费用的规定、使用定额时的注意事项。
2. 能正确识读电气施工图。
3. 能正确进行电气工程工程量计算。
4. 能正确识读防雷接地工程图。
5. 能正确进行防雷及接地系统工程量计算。
6. 能正确识读动力系统工程图。
7. 能正确进行动力工程工程量计算。

任务 1 定额概述（第四册）

一、电气设备安装工程预算定额的适用范围

电气设备安装工程预算定额适用于工业与民用电压等级 10 kV、35 kV 及以下变配电设备及线路安装、车间动力电气设备及电气照明器具、防雷及接地装置安装、配管配线、电梯电气装置、电气调整试验等各类工业、民用的新建、扩建及改建项目（规划红线内）的安装工程，内容主要包括变压器、配电装置、母线、控制设备及低压电器、蓄电池、电动机检查接线及调试、起重设备电气装置、电缆、防雷及接地装置、电压等级 10 kV 以下架空配电线路（规划红线外）、配管配线、照明器具、附属工程及电气调整试验等安装工程。

二、电气设备安装工程预算定额的编制依据

电气设备安装工程预算定额主要依据的标准、规范如下。
（1）《建筑照明设计标准》（GB 50034—2013）。
（2）《电气装置安装工程　高压电器施工及验收规范》（GB 50147—2010）。
（3）《电气装置安装工程　电力变压器、油浸电抗器、互感器施工及验收规范》（GB 50148—2010）。
（4）《电气装置安装工程　母线装置施工及验收规范》（GB 50149—2010）。
（5）《电气装置安装工程　电气设备交接试验标准》（GB 50150—2016）。
（6）《电气装置安装工程　电缆线路施工及验收规范》（GB 50168—2006）。
（7）《电气装置安装工程　接地装置施工及验收规范》（GB 50169—2006）。
（8）《电气装置安装工程　旋转电机施工及验收规范》（GB 50170—2006）。
（9）《电气装置安装工程　盘、柜及二次回路接线施工及验收规范》（GB 50171—2012）。
（10）《电气装置安装工程　蓄电池施工及验收规范》（GB 50172—2012）。
（11）《建筑物防雷工程施工及质量验收规范》（GB 50601—2010）。
（12）《电气装置安装工程 35 kV 及以下架空电力线路施工及验收规范》（GB 50173—2014）。
（13）《电气装置安装工程　低压电器施工及验收规范》（GB 50254—2014）。
（14）《电气装置安装工程　电力变流设备施工及验收规范》（GB 50255—2014）。
（15）《电气装置安装工程　起重机电气装置施工及验收规范》（GB 50256—2014）。
（16）《电气装置安装工程　爆炸和火灾危险环境电气装置施工及验收规范》（GB 50257—2014）。

(17)《建筑电气工程施工质量验收规范》(GB 50303—2015)。

(18)《民用建筑电气设计规范》(JGJ 16—2008)。

(19)《电力建设安全工作规程 第3部分:变电站》(DL 5009.3—2013)。

(20)《电力建设安全工作规程 第2部分:电力线路》(DL 5009.2—2013)。

三、电气设备安装工程预算定额的材料损耗率

(1)绝缘导线、电缆、硬母线和用于母线的裸软导线的损耗率不包括为连接电气设备、器具而预留的长度,也不包括因各种弯曲(包括弧度)而增加的长度。这些长度均应计算在工程量的基本长度中。

(2)用于10 kV以下架空线路中的裸软导线的损耗率已包括因弧垂及因杆位高低差而增加的长度。

(3)拉线用的镀锌铁线的损耗率不包括为制作上、中、下把所需的预留长度。计算用线量的基本长度时,应以全根拉线的展开长度为准。

四、电气设备安装工程预算定额的工作内容

电气设备安装工程预算定额各章均包括的工作内容:施工准备、设备与器材及工具的场内运输、开箱检查、安装、设备单体调整试验、结尾清理、配合质量检验、不同工种间的交叉配合、临时移动水源和电源等工作内容。

五、电气设备安装工程预算定额关于水平和垂直运输

(1)定额中已计入水平和垂直运输,系根据一般工业与民用的施工场地大小与安装高度综合取定的,一般工程不做调整。

(2)设备:包括自安装现场指定堆放地点运至安装地点的水平和垂直运输。

(3)材料、成品、半成品:包括自施工单位现场仓库或指定堆放地点运至安装地点的水平和垂直运输。

(4)垂直运输基准面:室内以室内地平面为垂直运输基准面,室外以安装现场地平面为垂直运输基准面。

六、电气设备安装工程预算定额中各项费用调整系数的规定

(1)工程超高费(即操作高度增加费,已考虑了超高因素的定额项目除外,如路灯安装、投光灯、氙气灯、烟囱、水塔独立式塔架标志灯、10 kV以下架空配电线路)按操作物高度离楼地面5 m以上的电气安装工程,定额人工乘以表2-1中的系数。

表 2-1　第四册工程超高费的调整系数

操作物高度	≤10 m	≤20 m	>20 m
系　数	1.25	1.4	1.8

以上工程超高费全部为人工费。

（2）高层建筑增加费（高层建筑指高度在 6 层或 20 m 以上的工业和民用建筑）按表 2-2 分别计取。

表 2-2　第四册高层建筑增加费的调整系数

建筑层数/层	≤9	≤12	≤15	≤18	≤21	≤24	≤27	≤30	≤33	≤36
按人工量的	1%	2%	4%	6%	8%	10%	13%	16%	19%	22%
建筑层数/层	≤39	≤42	≤45	≤48	≤51	≤54	≤57	≤60	≤65	≤70
按人工量的	25%	28%	31%	34%	37%	40%	43%	46%	49%	52%
建筑层数/层	≤75	≤80	≤85	≤90	≤96	≤100	≤105	≤110	≤115	≤120
按人工量的	55%	58%	61%	64%	67%	70%	73%	76%	79%	82%

以上计算出的高层建筑增加费中，其中 75% 为人工降效，其余为机械降效。

（3）脚手架搭拆费（35 kV 变配电工程及 10 kV 以下架空线路除外）按全部电气安装工程人工费的 2% 计取，其中人工占 25%，其余为材料。室外埋地电缆、路灯工程、第十章 10 kV 以下架空配电线路、第十四章电气调整试验工程不计脚手架搭拆费。

（4）施工与生产同时进行、在有害人身健康的环境（包括高温、多尘、噪声超过标准和有害气体等有害环境）中施工时因降效而增加的费用，电气设备安装工程预算定额未予以考虑，实际发生时另行计算。

七、电气设备安装工程预算定额不包括的内容

（1）35 kV 以上及专业专用项目的电气设备安装。

（2）电气设备（如电动机等）配合机械设备进行联合试运转工作。

（3）电气设备及装置配合机械设备进行单体试运和联合试运工作内容。输电、配电、用电分系统调试和整套启动调试、特殊项目测试与性能验收试验应单独执行电气设备安装工程预算定额的第十四章"电气调整试验工程"相应定额子目。

任务 2　照明工程工程量计算

一、照明控制设备工程量计算

电气照明工程的控制设备主要指照明配电箱、板以及箱内组装的各种电气元件（控制开关、

熔断器、计量仪表、盘柜配线等）。照明工程控制设备安装分为成套控制设备安装和单体控制设备安装。

低压配电箱安装分为成套配电箱安装和非成套配电箱安装两种。

1. 成套配电箱

成套配电箱安装根据安装方式不同分落地式安装、悬挂式安装、嵌墙式安装三种。其中悬挂式安装、嵌墙式安装以回路分档列项，小型配电箱安装以半周长分档列项。

2. 非成套配电箱（盘、板）

非成套配电箱（盘、板）定额中分为钢制的箱盒制作、木配电箱制作、配电板制作、配电板安装等子目。

（1）成套式配电箱柜安装定额中的工作内容包括开箱、检查、安装、查校线、接线、接地。

（2）配电板制作定额中的工作内容包括选料、下料、做榫、净面、拼缝、拼装、砂光、油漆等。

3. 配电板

配电板安装不包括设备元件安装及端子板外部接线，应执行相关定额。端子板外部接线定额仅适用于控制设备中的控制、报警、计量等二次回路接线。

4. 工程量计算

（1）成套配电箱。

控制设备及低压电器安装均以"台"为计量单位。设备安装均不包括基础槽钢、角钢的制作、安装。

安装配电箱需做槽钢、角钢基座时，制作安装以"m"计量，长度 $L=2A+nB$，其中 A、B 的含义如图2-1所示。

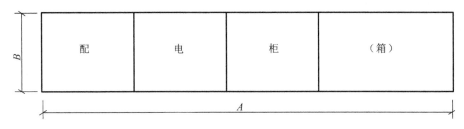

图2-1 配电箱槽钢、角钢基座示意图

A—各柜、箱边长之和；B—柜宽

（2）非成套配电箱（盘、板）。

配电板制作按配电板图示外形尺寸以"m²"为计量单位。

（3）配电箱、盘、板内电气元件安装。

（4）配电箱、盘、板内配线。

盘、柜配线分不同规格，以"m"为计量单位。盘、箱、柜的外部进出线预留长度按表2-3计算。

表 2-3　盘、箱、柜的外部进出线预留长度

序号	项　　目	每根预留长度	说　　明
1	各种箱、柜、盘、板	高＋宽	盘面尺寸
2	单独安装的铁壳开关、自动开关、刀开关、启动器、箱式电阻器、变阻器	0.3 m	从安装对象中心算起
3	继电器、控制开关、信号灯、按钮、熔断器等小电器	0.3 m	从安装对象中心算起

（5）焊（压）接线端子定额只适用于导线，且只有当导线截面积大于或等于 16 mm² 时方可计算。电缆终端头制作安装定额中已包括焊（压）接线端子，不得重复计算。

（6）端子板外部接线按设备盘、箱、柜、台的外部接线图计算，以"个头"为计量单位。

（7）盘、柜配线定额只适用于盘上小设备元件之间连接的少量现场配线，不适用于工厂的设备修、配、改。

二、配管、配线工程量计算

1. 配管工程量计算

1）工程量计算规则

各种配管应区别敷设方式、敷设位置、管材材质、规格，以"延长米"为计量单位，不扣除管路中间的接线箱（盒）、灯头盒、开关盒所占长度，但必须扣除配电箱、板、柜所占的长度。

2）工程量计算一般方法

可以按管线的走向，从进户管开始计算，再选择照明干管，最后计算支管，合计时分层、分单元或分段逐级统计，以防止漏算、重算。

配管工程量 ＝ 各段的平面长度 ＋ 各部分的垂直长度

（1）平面长度计算。

用比例尺量取各段的平面长度，量时以两个符号中心为一段或以符号中心至线路转角的顶端为一段逐段量取。

对于水平方向敷设的线管：

① 当线管沿墙暗敷（WC）时，按相关墙轴线尺寸计算该线管长度；

② 当线管沿墙明敷（WE）时，按相关墙面净空长度尺寸计算该线管长度。

线管水平长度计算示意图如图 2-2 所示。

（2）垂直长度计算。

各部分的垂直长度，可以根据施工设计说明中给出的设备和照明器具的安装高度计算。

对于沿垂直方向敷设的管（沿墙、柱引上或引下），一般来说，拉线开关距顶棚 200～300 mm，翘板开关距地面 1 300 mm，插座距地面 300 mm（住宅 1 300 mm、幼儿园 1 800 mm），配电箱底部距地面 1 500 mm。

引下线管长度计算示意图如图 2-3 所示。

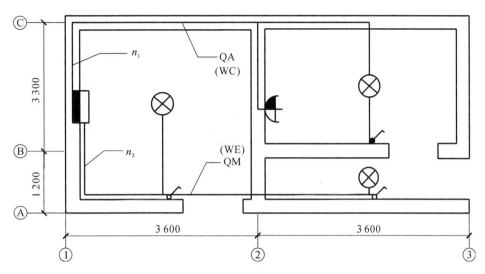

图 2-2　线管水平长度计算示意图

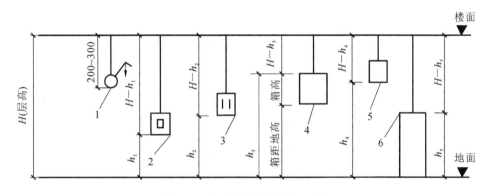

图 2-3　引下线管长度计算示意图

1—拉线开关；2—翘板开关；3—插座；4—配电箱；5—开关盒；6—配电柜

（3）当埋地配管（FC）时，水平方向的配管按墙、柱轴线尺寸及设备定位尺寸进行计算，当按图示斜向布管时，若图比例正确，可用比例尺量算。埋地水平管长度计算示意图如图 2-4 所示，埋地管穿出地面示意图如图 2-5 所示。

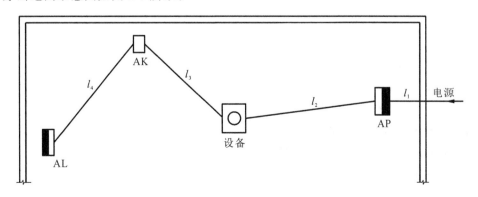

图 2-4　埋地水平管长度计算示意图

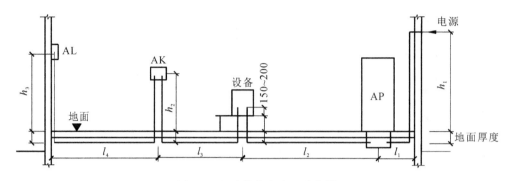

图 2-5　埋地管穿出地面示意图

① 接线盒在管线分支处或管线转弯处,可按照图 2-6 接线盒位置示意图计算接线盒数量。

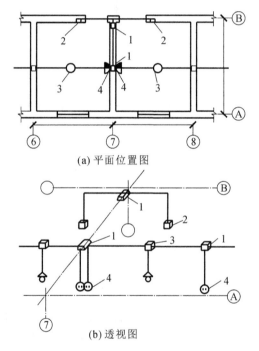

(a) 平面位置图

(b) 透视图

图 2-6　接线盒位置示意图

1—接线盒;2—开关盒;3—灯头盒;4—插座盒

② 线管敷设超过下列长度时,中间应加接线盒。

a. 管长大于 30 m,且无弯曲。

b. 管长大于 20 m,有 1 个弯曲。

c. 管长大于 15 m,有 2 个弯曲。

d. 管长大于 8 m,有 3 个弯曲。

垂直配管长度计算示意图如图 2-7 所示。

具体计算如下。

配电箱:

上返至顶棚垂直长度 = 楼层高 −(配电箱底距地高度 + 配电箱高 + 1/2 楼板厚)

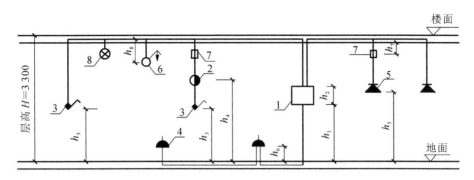

图 2-7　垂直配管长度计算示意图

下返至地面垂直长度 ＝ 配电箱底距地高度＋1/2 楼板厚

开关、插座：

开关、插座从上返下来时，　垂直长度＝楼层高－（开关、插座安装高度＋1/2 楼板厚）

开关、插座从下返上来时，　垂直长度＝开关、插座安装高度（距地高度）＋1/2 楼板厚

线路中的接线盒：安装在墙上，一般安装在顶棚下 0.2 m 处，每处需计算进、出接线盒的次数，考虑楼板的厚度。

每一处的垂直长度 ＝（0.2 m＋1/2 楼板的厚度）×（$n-1$）

其中 n 代表进、出接线盒的次数，1 是其中一路算入了电气器具的垂直长度中。

注：目前建筑电气施工新规定尽量减少接线盒的使用，接头处理放在灯头盒、开关盒、插座盒处，所以对这部分的计算可酌情处理。

2. 配管内穿线工程量计算

1）管内穿线

管内穿线的工程量，应区分照明线路和动力线路，按不同导线的截面，以单线"延长米"为计量单位。线路分支接头线的长度已综合考虑在定额中，不得另行计算。照明线路中的导线截面大于或等于 6 mm² 时，应执行动力线路穿线相应定额子目。

（1）穿线布置原则。

① 相线（火线）：从配电箱先接到同一回路的各开关，根据控制要求，再从开关接到被控制的灯具。

② 零线（N 线）：从配电箱接到同一回路的各灯具。

③ 保护线（PE 线）：从配电箱接到同一回路的各灯具的金属外壳。一般照明回路不设此线。

（2）工程量计算方法。

管内穿线工程量的计算方法：管内穿线工程量同配管工程量一起计算，注意把每段管内所穿的导线根数分开。

管内穿线工程量 ＝（该段配管工程量＋导线的预留长度）×该段配管内相同截面积导线的根数

2）导线进入开关箱、柜及设备预留长度

灯具、明开关、暗开关、插座、按钮等的预留线，已分别综合在相应定额子目内，不另行计算。导线进入开关箱、柜、板的预留线，按表 2-4 规定的长度，分别计入相应的工程量。导线与开关箱、柜及设备等相连接预留长度如图 2-8 所示。

表 2-4 导线进入开关箱、柜、板的预留线（每一根线）

序号	项　目	预留长度	说　明
1	各种开关、柜、板	宽＋高	盘面尺寸
2	单独安装(无箱、盘)的铁壳开关、闸刀开关、启动器、线槽进出线盒等	0.3 m	从安装对象中心算起
3	由地面管子出口引至电动机接线箱	1.0 m	从管口计算
4	电源与管内导线连接(管内穿线与软、硬母线接头)	1.5 m	从管口计算
5	出户线	1.5 m	从管口计算

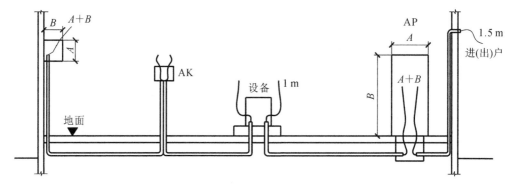

图 2-8　导线与开关箱、柜及设备等相连接预留长度

A—箱(柜)宽度；B—箱(柜)高度

例 2-1　某工程（见图 2-9）进户线标注为 BV-500V-3×16＋1×10-SC32-FC，采用三相四线制 380 V/220 V 送电，电源采用架空进户，高度为 5.8 m，进户后穿钢管引至总配电箱，总配电箱 M-2 安装在二楼，底距地 1.4 m，箱面宽×高为 1 000 mm×800 mm。总配电箱引至各层分总配电箱的干线标注为 BV-500V-3×6-SC25-WC，分配电箱安装底距地 1.4 m，箱面宽×高为 800 mm×600 mm。本建筑物为砖混结构，楼层高 2.8 m，楼板厚 0.2 m，进户管水平长度为 2.0 m。计算进户线和干线配管及管内穿线的工程量。

解

第一步：进户管。

进户管为 SC32 钢管沿砖混结构暗配管，表示为 BV-3×16＋1×10-SC32。

2 m(水平 1) ＋(2.8－1.4－0.8－0.1)（垂直 1）＋0.15 m(架空进户管)＝2.65 m

第二步：进户线。

① BV-16 mm² 管内穿线。

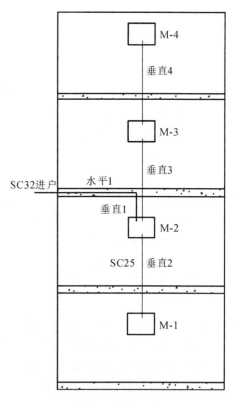

图 2-9　例 2-1 图

[2.65 m(SC32 管长)+1.5 m(进出户线预留导线)+(0.8+1.0)m(总配电箱预留导线)]×3 根=17.85 m

② BV-10 mm² 管内穿线。

[2.65 m(SC32 管长)+1.5 m(进出户线预留导线)+(0.8+1.0)m(总配电箱预留导线)]×1 根=5.95 m

第三步:干线配管。

干线配管为 SC25 钢管沿砖混结构暗配管,表示为 BV-3×6-SC25。

M-1 至 M-2 垂直长度(垂直2)为

$$1.4\ m+0.1\ m+[2.8(楼层高)-1.4-0.6-0.1]m=2.2\ m$$

M-2 至 M-3 垂直长度(垂直3)为

$$1.4\ m+0.1\ m+[2.8(楼层高)-1.4-0.8-0.1]m=2.0\ m$$

M-3 至 M-4 垂直长度(垂直4)为

$$1.4\ m+0.1\ m+[2.8(楼层高)-1.4-0.6-0.1]m=2.2\ m$$

SC25 合计为

$$2.2\ m+2.0\ m+2.2\ m=6.4\ m$$

第四步:干线管内穿线。

BV-6 mm² 管内穿线:

[6.4 (SC25 管长)+(0.8+1.0)×2(总配电箱 M-2 预留导线)+(0.6+0.8) ×4 个(分配电箱预留导线)]m×3 根=46.8 m

3. 导线与设备相连需焊(压)接头端子的工程量计算

导线与设备相连需焊(压)接头端子的工程量按"个"计量,套用相应定额。

4. 其他配线工程量计算

(1) 配线工程是以所配线的规格、敷设方式和部位来划分定额的,配线方式如表 2-5 所示。

表 2-5　配线方式

配 线 方 式	新 符 号	旧 符 号	备 注
瓷绝缘子	K	CP	针式、蝶式、瓷珠
瓷夹板	—	CJ	—
塑料线卡	PL	VJ	—
铝皮线卡	AL	QD	含尼龙线卡
木槽板	—	CB	—
塑料槽板	—	VB	—
塑料线槽	PR	VXC	—
金属线槽	MR	GXC	—
电缆桥架	CT	—	—
钢索架设	M	S	—

(2) 配线工程量计算。

① 绝缘子配线工程量,应区别绝缘子形式(针式、蝶式)、绝缘子配线位置(沿屋架、梁、柱、

墙,跨屋架、梁、柱)、导线截面积,以线路"延长米"为计量单位。

② 塑料护套线敷设工程量,应区别导线截面、导线芯数(二芯、三芯)、敷设位置(管内、砖混凝土结构、沿钢索),以单根线路"延长米"为计量单位。

③ 电缆桥架、线槽安装根据桥架、线槽的材质与规格,按照设计图示安装数量以"m"为计量单位。

④ 钢索架设工程量,应区别圆钢、钢索直径($\phi6$、$\phi9$),按图示墙(柱)内缘距离,以"延长米"为计量单位,不扣除拉紧装置所占长度。

⑤ 母线拉紧装置及钢索拉紧装置制作安装工程量,应区别母线截面、花篮螺栓直径($\phi12$、$\phi16$、$\phi18$),以"套"为计量单位。

⑥ 车间带形母线安装工程量,应区别母线材质(铝、铜)、母线截面安装位置(沿屋架、梁、柱、墙,跨屋架、梁、柱)以"延长米"为计量单位。

三、照明器具安装工程量计算

电气照明工程一般是指由电源的进户装置到各照明用电器具及中间环节的配电装置、配电线路和开关控制设备的全部电气安装工程。

某工程电气照明平面图如图 2-10 所示。

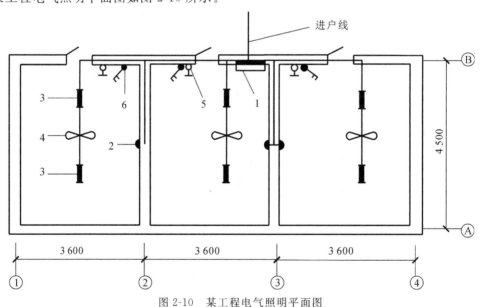

图 2-10 某工程电气照明平面图

1—配电箱;2—插座;3—日光灯;4—吊扇;5—吊扇开关;6—双联开关

1.灯具的安装方式与组成

1)灯具的安装方式

灯具的安装方式有三类,即吊式、吸顶式、壁装式。

2)灯具的组成

常见灯具的组成如图 2-11 所示。对于图 2-11(a),1——固定木台螺钉,2——木台,3——固定吊线盒螺钉,4——吊线盒,5——灯线(花线),6——灯头(螺口E、插口C),7——灯泡;对于图2-11(b),1——灯头盒,2——塑料台固定螺栓,3——吊杆盘,4——吊杆(吊链、灯线),5——灯头,6——灯泡;对于图2-11(c),1——固定木台螺钉,2——木台,3——固定灯圈螺钉,4——灯圈(灯架),5——灯罩,6——灯头座,7——灯泡;对于图2-11(d),1——固定木台螺钉,2——固定吊线盒螺钉,3——木台,4——吊线盒(或吊链底座),5——吊线(吊链、吊杆、灯线),6——镇流器,7——辉光启动器,8——电容器,9——灯罩,10——灯管灯脚(固定和弹簧式),11——灯管。

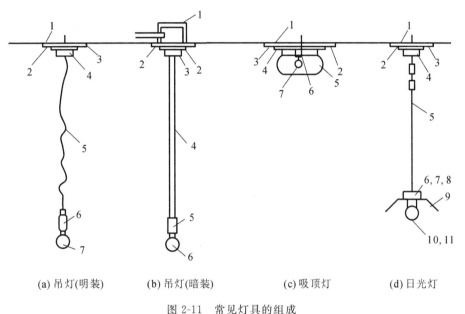

(a) 吊灯(明装)　　　　(b) 吊灯(暗装)　　　　(c) 吸顶灯　　　　(d) 日光灯

图 2-11　常见灯具的组成

2. 灯具安装工程量计算

灯具安装包括灯具类以及安全变压器、电铃、门铃、风扇、浴霸、开关插座等电器安装。

1) 定额内容

照明灯具种类繁多,根据用途及发光原理,定额将照明灯具分为普通灯具、工厂灯、投光灯、标志(障碍)灯、成套荧光灯、医院灯具、装饰灯、艺术灯、诱导灯、艺术喷泉照明灯、草坪灯、歌舞厅灯具、路灯、太阳能及风能灯具等。

2) 灯具安装工程量计算

(1) 普通灯具安装的工程量,应区别灯具的种类、型号、规格,以"套"为计量单位。

(2) 工厂灯及防水防尘灯安装的工程量,应区别安装形式,以"套"为计量单位。

(3) 工厂其他灯具安装的工程量,应区别灯具类型、安装形式、安装高度,以"套""个"为计量单位。

(4) 荧光灯具安装的工程量,应区别灯具的安装形式、灯具种类、灯管数量,以"套"为计量单位。

(5) 医院灯具安装的工程量,应区别灯具的种类,以"套"为计量单位。

(6) 吊式艺术装饰灯具的工程量,应根据装饰灯具示意图集所示,区别装饰物以及灯体直径、灯体半周长和灯体垂吊长度,以"套"为计量单位。灯体直径为装饰物的最大外缘直径,灯体半周长为矩形吸盘的半周长,灯体垂吊长度为灯座底部到灯梢的总长度。

(7)吸顶式艺术装饰灯具安装的工程量,应根据装饰灯具示意图集所示,区别装饰物、吸盘的几何形状、灯体直径、灯体半周长和灯体垂吊长度,以"套"为计量单位。灯体直径为吸盘最大外缘直径;灯体半周长为矩形吸盘的半周长;吸顶式艺术装饰灯具的灯体垂吊长度为吸盘到灯梢的总长度。

(8)荧光艺术装饰灯具安装的工程量,应按设计图示,区别安装形式和计量单位。照明器具包括各种灯具、控制开关及小型电器,如风扇、电铃等。

① 组合荧光灯光带安装的工程量,应按设计图示,区别安装形式、灯管数量,以"套"为计量单位计算。

② 内藏组合式灯安装的工程量,应按设计图示,区别灯具组合形式,以"m"为计量单位。

③ 发光天棚安装的工程量,应按设计图示,发光天棚数量以"m²"为计量单位。灯具主材根据实际安装数量加损耗以"套"另行计算。

④ 立体广告灯箱、荧光灯光沿的工程量,应根据设计图示安装数量,以"m"为计量单位。

(9)几何形状组合艺术灯具安装的工程量,应按设计图示,区别安装形式及灯具形式,以"套"为计量单位。

(10)标志(障碍)灯、诱导灯、装饰灯具安装的工程量,应按设计图示,区别安装形式,以"套"为计量单位。

(11)点光源艺术装饰灯具安装的工程量,应按设计图示,区别安装形式、灯具直径,以"套"为计量单位。

(12)歌舞厅灯具安装的工程量,应按设计图示,区别灯具形式,分别以"套""台""m"为计量单位。

(13)草坪灯具安装的工程量,应按设计图示,区别安装形式,以"套"为计量单位。

(14)水下艺术装饰灯具安装的工程量,应按设计图示,区别安装形式,以"套"为计量单位。

(15)艺术喷泉照明系统程序控制柜、程序控制箱、音乐控制器、编程音乐控制器、变频控制箱、各种传动器安装根据安装位置方式及规格,按照设计图示安装数量,以"台"为计量单位。

(16)艺术喷泉照明系统各种水下艺术灯具安装根据灯具的功能,按设计图示数量,以"套"为计量单位。

(17)路灯安装工程,应区别灯柱高度、灯数、臂长,以"套"为计量单位。

(18)太阳能及风能灯具应区别灯具种类,以"套"为计量单位计算。

3. 开关、按钮、插座安装工程量计算

应注意本处所列"开关"是指第四册第十二章"照明器具"用的开关。

(1)开关、按钮安装的工程量,应区别开关、按钮安装形式,开关、按钮种类,开关位数,以"套"为计量单位。

(2)插座安装的工程量,应区别电源相数、额定电流、插座安装形式,以"套"为计量单位。

(3)"请勿打扰"面板、须刨插座安装的工程量,以"套"为计量单位。

(4)风机盘管调速开关安装,以"套"为计量单位,执行风机盘管控制开关安装定额。

(5)床头柜集控板安装不分控制位数,以"套"为计量单位。

4. 安全变压器、电铃、风扇安装工程量计算

（1）安全变压器安装的工程量，应区别安全变压器容量，以"台"为计量单位。

（2）电铃、电铃号码牌箱安装的工程量，应区别电铃直径、电铃号牌箱规格（号），以"套"为计量单位。

（3）门铃安装工程量计算，应区别门铃安装形式，以"个"为计量单位。

（4）风扇安装工程量计算，应区别风扇种类，以"台"为计量单位。风扇安装定额不含其调速开关安装工作内容，风扇调速开关安装工程量应另以"套"为计量单位套用相应定额计算。

灯具安装定额适用范围如表2-6所示。

表2-6　灯具安装定额适用范围

定额名称	灯具种类
圆球吸顶灯	材质为玻璃、塑料等的独立的圆球吸顶灯、半圆球吸顶灯、扁圆罩吸顶灯、平圆型吸顶灯
方形吸顶灯	材质为玻璃、塑料等的独立的矩形、大口方罩、方形罩吸顶灯
软线吊灯	材质为玻璃、塑料等的独立的各式用软线垂吊的灯具，如由碗伞、平盘灯罩组成的各式软线吊灯、防水吊灯和吊灯头
吊链灯	带玻璃罩、塑料罩等的各式吊链灯
一般弯脖灯	圆球弯脖灯、马路弯灯、风雨壁灯
一般墙壁灯	各种材质的一般壁灯、镜前灯
座灯头	一般塑料、瓷质座灯头和一般声光控座灯头
成套荧光灯	单管、双管、三管、四管、吊链式、吊管式、吸顶式、嵌入式、线槽下安装、嵌入式带风口型荧光灯、紫外线灯
直杆工厂吊灯	配照（GC1-A）、广照（GC3-A）、深照（GC5-A）、斜照（GC7-A）、圆球（GC17-A）、双罩（GC19-A）
吊链式工厂灯	配照（GC1-B）、广照（GC3-B）、深照（GC5-B）、双罩（GC19-B）
吸顶式工厂灯	配照（GC1-C）、广照（GC3-C）、深照（GC5-C）、斜照（GC7-C）、圆球（GC17-C）、双罩（GC19-C）
弯杆式工厂灯	配照（GC1-D/E）、广照（GC3-D/E）、深照（GC5-D/E）、斜照（GC7-D/E）、圆球（GC17-D/E）、双罩（GC19-D）、局部深罩（GC26-F/H）
悬挂工厂灯	配照（GC21-1/2）、深照（GC23-1/2/3）
标志、诱导灯	不同安装方式的标志灯、诱导灯
防水防尘灯	广照（GC-A/B/C）、广照且有保护网（GC11-A/B/C）、散照（GC15-A/B/C/D/E）
防潮灯（腰形舱顶灯）	扁形防潮灯（GC31）、防潮灯（GC33）、腰形舱顶灯（CCD2-1）
碘钨灯	DW型、220 V 300～1000 W内
管形氙气灯	自然冷却式220 V/380 V、功率20 kW内
投光灯	TG型室外投光灯
高压水银灯镇流器	外附式镇流器125～450 W
安全灯	AOB-1/2/3、AOC-1/2型安全灯

定 额 名 称	灯 具 种 类
防爆灯	CB3C-200 型防爆灯
高压水银防爆灯	CB4C-125/250 型高压水银防爆灯
防爆荧光灯	CB4C-1/2 单、双管防爆荧光灯
病房指示灯（暗脚灯）	病房指示灯（暗脚灯）、影剧院太平灯
无影灯	3～12 孔管式无影灯
荧光装饰灯具	配合装饰工程的用荧光灯组合的各式光带、组合成一定外形的组合式灯、发光天棚、立体广告灯箱、荧光灯光沿、LED 灯带
点光源装饰灯具	各种安装方式的筒灯、射灯，以及用于外立面的点光源灯具
艺术装饰灯	各型吊式装饰艺术灯、吸顶装饰灯、组合式艺术灯
歌舞厅灯具	各型用于营造歌舞厅等娱乐场地氛围、效果的各功能灯具
太阳能及风能灯具	以太阳能、风能为能源的灯具
艺术喷泉灯具	各型用于营造水池装饰效果的具有一定造型、变换功能的水上、水下艺术灯具
路灯	用于庭院、道路、广场等安装地点的公共照明灯具

任务 3 防雷及接地装置工程工程量计算

一、定额适用范围

第九章"防雷及接地装置"内容包括接地极（板）制作安装，接地母线敷设及均压环，避雷引下线敷设装在建筑物、构筑物上，避雷接地利用金属构件敷设，避雷带、网安装，避雷针制作安装，接地跨接线安装。

第九章定额适用于建筑物、构筑物的防雷接地，变配电系统接地，设备接地以及避雷针等接地装置。

二、建筑防雷接地系统工程量计算

1. 建筑防雷接地系统组成

建筑防雷接地系统由接闪器、引下线、接地装置和均压环四大部分构成，如图 2-12 所示。

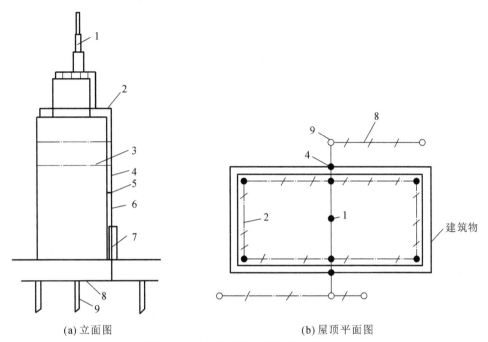

(a) 立面图　　　　　　　　　　(b) 屋顶平面图

图 2-12　建筑防雷接地系统组成示意图

1—避雷针；2—避雷网；3—均压环；4—引下线；5—引下线支持卡子；6—断接卡子；7—引下线保护管；8—接地母线；9—接地极

1）接闪器

接闪器是指直接接受雷击的金属构件。根据被保护物体的形状不同，接闪器主要有避雷针、避雷带、避雷网。

2）引下线

引下线是指连接接闪器与接地装置的金属导体，主要用于向下传送电流。可以用圆钢或扁钢作单独的引下线，也可以利用建筑物柱内主筋作引下线。引下线一般配有引下线支持卡子、断接卡子、引下线保护管等。

3）接地装置

接地装置由接地极、接地母线组成。接地极采用钢管、角钢、圆钢、铜板、钢板制作时为人工接地极；利用建筑物基础内的钢筋或其他金属结构物时为自然接地极。

4）均压环

均压环是为防止高层建筑物遭受雷电侧击而设计的环绕建筑物周边的水平避雷带，是指高层建筑物利用圈梁中的水平钢筋与引下线可靠连接（绑扎或焊接），用作降低接触电压、自动切断接地故障电路、防电击的一项装置。《建筑物防雷设计规范》（GB 50057—2010）规定第一类防雷建筑物从 30 m 以内起每 6 m 设一道；《民用建筑电气设计规范》（JGJ 16—2008）对第二类和第三类防雷建筑物提出要求，要求超过 45 m、60 m 结构圈梁中的钢筋每三层连成闭合回路，并同防雷装置引下线连接。

2. 建筑防雷接地系统工程量计算

1）避雷针制作安装

定额子目分为普通避雷针制作、安装及独立避雷针安装。

避雷针的加工制作、安装以"根"为计量单位,独立避雷针以"基"为计量单位。避雷针的长度、高度、数量均以设计为准。

避雷针、独立避雷针加工制作均执行"一般铁构件制作(每件重 20 kg 以上)"定额或按生产厂制作成品计算。

安装在木杆上、水泥杆上的避雷针安装定额,包括其避雷引下线安装。

独立避雷针安装定额包括避雷针塔架、避雷引下线安装,不包括基础浇筑。塔架制作执行第十三章附属工程相关子目。

2)避雷网安装

定额按沿混凝土块敷设、沿折板支架敷设、混凝土块制作、利用圈梁钢筋作均压环敷设和柱子主筋与圈梁钢筋焊接划分子目。

避雷线设计长度以"10 m"为计量单位。避雷线的长度按施工图设计水平和垂直规定的长度以延长米计算,另加 3.9%的附加长度(包括转弯、上下波动、避绕障碍物、搭接头所占长度)。

避雷网(带)长度的计算公式为

$$避雷网(带)长度 = 按图示尺寸计算的长度 \times (1+3.9\%)$$

若避雷网沿混凝土块敷设,则应另按施工图图示数量计算混凝土块个数,以"10 块"为定额计量单位。如果施工图没有明确混凝土块个数或间距,可按避雷网中间直线段支撑间距为 1~1.5 m,终端及转弯段支撑间距为 0.5~1 m 进行计算。

3)半导体少长针消雷装置安装

半导体少长针消雷装置作为新型的防雷设备,应用日渐广泛。

4)避雷引下线敷设

根据引下线敷设方式不同,避雷引下线敷设定额分为利用金属构件引下,沿建筑物、构筑物引下,利用建筑物主筋引下 3 个子目。避雷引下线按图示设计长度以"m"为计量单位,不考虑附加长度。

利用建筑物主筋引下(机械连接)是指建筑物柱内主筋土建施工采用机械连接后的跨接,长度按设计需要以需跨接主筋的延长米计算。

5)均压环安装

常见均压环有辅助均压环和独立均压环两种。

(1)辅助均压环:利用建筑物圈梁内主筋作均压环,以"10 m"为计算单位。辅助均压环的长度按设计需要以需焊接主筋的延长米计算。

(2)独立均压环:单独用扁钢或圆钢明敷做均压环,以"10 m"为计算单位。独立均压环安装的工程量要考虑附加长度(3.9%)。独立均压环长度的计算公式为

$$独立均压环长度 = 按图示尺寸计算的长度 \times (1+3.9\%)$$

三、接地装置工程量计算

1.接地装置的工程内容

接地装置是指埋入土壤或混凝土基础中用于散流的金属导体。接地装置示意图如图 2-13 所示。

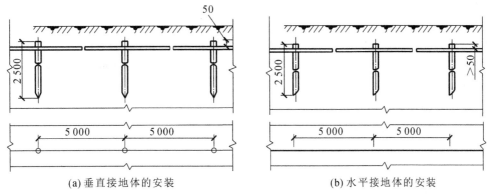

(a) 垂直接地体的安装　　　　　　　　(b) 水平接地体的安装

图 2-13　接地装置示意图

1) 自然接地体

自然接地体是指兼作接地用的直接与大地接触的各种金属构件、金属井管、钢筋混凝土建筑物的基础、金属管道和设备等。

2) 人工接地体

人工接地体由人工接地极和接地母线组成。

3) 接地跨接线

接地线遇到障碍时,需要跨越相连的接头线称为接地跨接线。

4) 接地调试

根据设计要求,防雷及接地装置中的接地体必须有足够小的接地电阻。在设计时,通常会根据土质等情况计算及布置接地极。

2. 接地装置的安装工程量计算

1) 接地极(板)制作安装

接地极(板)制作安装定额按材料分为钢管、角钢、圆钢接地板和铜、钢接地极板(块),按施工地质条件不同分普通土、坚土,分别列出相应子目,定额的计量单位为"根"。

2) 接地母线敷设

接地母线敷设定额分为户内接地用线敷设、户外接地母线敷设和铜接地绞线敷设。其中户外接地母线和铜接地绞线敷设按截面分别划分子目。接地母线按设计长度以"m"为计量单位。接地母线长度按施工图设计水平和垂直规定的长度以延长米计算,另加 3.9% 的附加长度(包括转弯、上下波动、避绕障碍物、搭接头所占长度)。

$$接地母线长度=按图示尺寸计算的长度×(1+3.9\%)$$

3) 接地跨接线安装

接地跨接线安装定额分为接地跨接线、构架接地和钢铝窗接地。接地跨接线安装以"处"为计量单位,适用于不需要敷设接地线的金属物断联点,如轨道、金属管道等。只有非电气设备或管道要求接地时,方可套接地跨接线安装定额。

管件跨接(防静电)利用法兰盘螺栓,钢轨利用鱼尾板固定螺栓。平行管道采用焊接,屋顶金属旗杆采用焊接。高于屋顶排水铸铁管防雷,采用螺栓抱箍式接地,但定额本身未带螺栓。

4）接地装置调试

接地网的调试规定如下。

（1）接地网、避雷网接地电阻的测定以"系统"为计量单位。一般的发电厂或变电站连为一体的母网，按一个系统计算；自成母网、不与厂区母网相连的独立接地网，另按一个系统计算。高层建筑以桩基连成一体的避雷网，一幢建筑物的避雷网按一个系统计算。

（2）防雷接地装置接地电阻的测定，以"组"为计量单位。

（3）独立的接地装置以"组"为计量单位。例如，一台柱上变压器有一个独立的接地装置，即按一组计算。

任务 4 动力工程工程量计算

一、动力控制设备工程量计算

1.高压控制台、柜和高压继电保护屏安装

成套高压配电柜安装分为单母线柜安装、双母线柜安装和电容器、屏柜安装。单母线柜安装、双母线柜安装又分别按柜中主要元件分为油断路器柜安装、互感器柜安装、变压器柜安装、其他柜安装等项目。

2.动力控制设备安装

动力控制设备安装的工程量计算同照明控制设备工程量计算，均以"台"为计量单位。

二、电机检查接线工程量计算

电机是指动力线路中的发电机和电动机，多出现在用电设备上，电机本体和发电机的安装应执行第一册《机械设备安装工程》的"电动机及电动发电机组"相关定额，各类电机的检查接线定额均不包括控制装置的安装和接线。

1.电机检查接线工程量计算

（1）电机检查接线按电机类别和功率大小以"台"为计量单位。

（2）凡功率在 0.75 kW 以下的电机均执行微型电机（综合）定额。

（3）设备出厂时电动机带出线的设备、移动电器设备和以插座连接的家电设备，如排风机（排气扇）、电风扇、家用脱排油烟机等，不计算电动机检查接线费用。

2. 电机干燥工程量计算

（1）电机干燥按电机容量以"台"为计量单位。

（2）电机干燥定额只有在电机确实需要干燥时才能选用，且是按一次干燥所需的人工、材料、机械消耗量考虑的。

三、电缆敷设工程工程量计算

1. 电缆敷设定额的适用范围

第四册第八章电缆敷设定额适用于 10 kV 以下的电力电缆敷设和控制电缆敷设。凡 10 kV 以下的电力电缆敷设和控制电缆敷设的预算定额均不分结构形式和型号，一律按相应的电缆截面执行相应定额子目。

2. 电缆工程量计算

电缆长度应根据敷设路径的水平和垂直敷设长度按单根延长米计算，并应考虑因波形敷设、弛度、电缆绕梁（柱）所增加的长度以及电缆与设备连接电缆接头等必要的预留长度。电缆长度组成平、剖面示意图如图 2-14 所示。电缆在有设计规定时按照设计规定计算预留长度；在无设计规定时按表 2-7 规定增加附加长度。

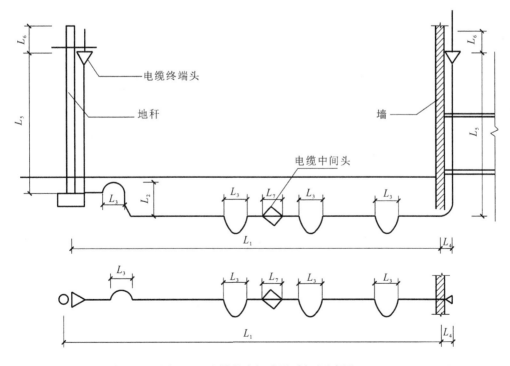

图 2-14　电缆长度组成平、剖面示意图

单根电缆长度计算公式为

单根电缆长度＝(水平长度＋垂直长度＋各部分预留长度)×(1＋2.5％)

表 2-7　电缆预留长度

序号	项　目	预留长度(附加)	说　明
1	电缆敷设驰度、波形弯度、交叉	2.5％	按电缆全长计算
2	电缆进入建筑物	2.0 m	规范规定最小值
3	电缆进入沟内或吊架时引上(下)预留	1.5 m	规范规定最小值
4	变电所进线、出线	1.5 m	规范规定最小值
5	电力电缆终端头	1.5 m	检查余量最小值
6	电缆中间接头盒	两端各留 2.0 m	检查余量最小值
7	电缆进控制、保护屏及模拟盘等	高＋宽	按盘面尺寸
8	高压开关柜及低压配电盘、箱	2.0 m	盘下进出线
9	电缆至电动机	0.5 m	从电机接线盒计算
10	厂用变压器	3.0 m	从地坪起算
11	电缆绕过梁、柱等增加长度	按实计算	按被绕物的断面情况计算增加长度
12	电梯电缆与电缆架固定点	每处 0.5 m	规范最小值

说明：① 电缆附加及预留的长度是电缆敷设长度的组成部分，应计入电缆长度工程量以内。

　　　② 电缆敷设后的实量，应按实量值计算，不考虑预留长度。

　　　③ 实际敷设中，未按本表规定预留时，不应计算预留长度。

3. 电缆敷设

电缆敷设是指把电缆埋设于土壤中或敷设于沟道、隧道中、室内支架上。电缆敷设一般有以下几种方式：直接埋地敷设(简称"直埋")，电缆在电缆沟内敷设，电缆沿墙支架敷设，电缆穿保护管敷设，电缆沿钢索敷设，电缆沿电缆桥架敷设。

电力电缆定额子目中均为铜芯电缆。铝芯电缆安装按照相应线径铜芯电缆定额，其人工乘以系数 0.71；铝芯电力电缆终端头制作安装按照相应线径铜芯电缆终端头定额，其人工乘以系数 0.83；铝芯电缆中间头制作安装按照相应线径铜芯电缆中间头定额，其人工乘以系数 0.83。

1) 室内电缆敷设

室内电气设备安装用的电缆一般敷设于隧道、沟道、夹层、竖井、管路或电缆架空桥架中。电缆支架允许间距如表 2-8 所示。

表 2-8　电缆支架允许间距

电缆种类	各支架间的距离/mm	
	水 平 敷 设	垂 直 敷 设
控制电缆	800	1 000
电力电缆	1 000	1 500

2）直埋电缆沟挖填土（石）方工程量

直埋电缆挖、填土（石）方工程量以"m³"为计算单位，电缆沟（见图2-15）设计有要求时，应按设计图示计算土（石）方量；电缆沟设计无要求时，可按表2-9计算土（石）方量，但应区分不同的土质。

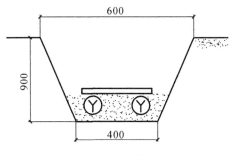

图2-15 电缆沟

表2-9 电缆沟计算土（石）方量

项 目	电缆根数	
	1～2	每增1根
每米沟长挖方量/(m³/m)	0.45	0.153

说明：① 2根以内的电缆沟是按上口宽度600 mm、下口宽度400 mm、深度900 mm计算的常规土方量。

② 每增加1根电缆，电缆沟宽度增加170 mm。

③ 以上土（石）方量按埋深从自然地坪起算，如设计埋深超过900 mm，多挖的土（石）方量另行计算。

3）电缆沟铺砂、盖砖（保护板）及移动盖板工程量

（1）电缆沟铺砂、盖砖（保护板）工程量与沟的长度相同，以"100 m"为计算单位，分为敷设1～2根电缆和每增1根电缆两项定额子目。

（2）电缆沟盖板揭、盖工程量以"100 m"为计算单位，每揭或每盖1次，定额按1次考虑，如果又揭又盖，则按2次计算。

4）电缆保护管及顶管敷设

电缆保护管可根据不同的材质，根据施工图以"10 m"为计算单位，套用相应定额子目。

电缆保护管长度除按设计规定长度计算外，遇到下列情况，应按以下规定增加电缆保护管长度。

（1）横穿道路，按路基宽度两端各加1 m。

（2）垂直敷设时，管口距地面加2 m。

（3）穿过建筑物外墙时，按基础外缘以外增加1 m。

（4）穿过排水沟，按沟壁外缘以外加0.5 m。

电缆保护管埋地敷设的土方量：凡有施工图注明的，按施工图计算；无施工图注明的，一般按沟深0.9 m，沟宽按最外边的保护管两侧边缘各加0.3 m工作面计算。开挖电缆沟土方工程执行第四册第八章定额中"挖填沟槽土方"相应子目。

电缆保护管沟土（石）方量 V 具体计算公式如下。

$$V = (D + 2 \times 0.3)HL$$

式中：D——电缆保护管外径(m)；

H——电缆沟深(m);

L——电缆沟长(m);

0.3——工作面宽(m)。

填方工程量:当 DN≤500 mm 时,不扣电缆保护管所占体积,同挖方工程量。

5)电缆桥架安装

电缆桥架是指电缆敷设时所需的一种支架和槽(又称托盘)。电缆桥架安装根据桥架的材质与规格,按照设计图示安装数量以"m"为计量单位。电缆桥架安装包括运输、组对、螺栓和焊接固定、附件安装、开孔、切割口防腐、上管件、隔板、盖板安装、接地、附件安装、整形修理等,不包括桥架支撑架制作与安装。电缆桥架、线槽安装根据桥架、线槽的材质与规格,按照设计图示安装数量以"m"为计量单位。

线槽、桥架安装定额分为塑料线槽安装、防火线槽安装、钢线槽安装、槽式桥架安装、托盘安装和开放式网络桥架安装。

塑料线槽安装定额也适用于塑料槽板安装,防火线槽安装定额也适用于防火桥架安装。

钢制梯式桥架(无盖)安装执行相应的槽式桥架定额,其人工乘以系数 0.75;钢制梯式桥架(有盖)执行相应的槽式桥架定额。

不锈钢梯式桥架(无盖)安装执行相应的钢制槽式桥架定额,其人工乘以系数 0.85;不锈钢梯式桥架(有盖)安装执行相应的钢制槽式桥架定额,其人工乘以系数 1.05。不锈钢线槽、槽式桥架和托盘的安装执行相应的钢制槽式桥架定额,其人工乘以系数 1.1。

铝合金槽式桥架安装执行相应的钢制槽式桥架定额,其人工乘以系数 0.8。铝合金梯式桥架安装执行相应的钢制槽式桥架定额,其人工乘以系数 0.65。

6)电缆头制作安装

电缆头制作安装根据电压等级与电缆头形式及电缆截面,按照设计图示单根电缆接头数量以"个"为计量单位,电缆终端头及中间头均以"个"为计量单位。电力电缆和控制电缆均按一根电缆有两个终端头、中间电缆头按实际情况计算。1 kV 以下、截面积在 10 mm² 以下的电缆不计算终端头制作安装。

7)电缆支撑架、吊架工程量

(1)当电缆在地沟内或沿墙支架敷设时,其支架、吊架、托架的制作安装以"kg"为计算单位。

(2)桥架支撑架安装以"kg"为计算单位。桥架支撑架项目适用于立柱、托臂及其他各种支撑架的安装,项目中已综合考虑了常用螺栓、焊接和膨胀螺栓三种固定方式。

(3)支撑架、吊架工程量计算:先按支撑架、吊架尺寸计算各种型钢长度,再按长度乘以理论质量分别计算各种型钢质量,最后汇总计算总质量。

8)母线槽

插接式母线槽安装定额是按三相以上综合考虑的,如遇单相,则将相应定额乘以系数 0.6。

母线拉紧装置及钢索拉紧装置制作安装工程量应区别母线截面、花篮螺栓直径($\phi12$、$\phi16$、$\phi18$)以"套"为计量单位。

车间带形母线安装工程量应区别母线材质(铝、铜)、母线截面安装位置(沿屋架、梁、柱、墙,跨屋架、梁、柱),以"延长米"为计量单位。

接线箱安装工程量应区别安装形式(明装、暗装)、接线箱半周长,以"个"为计量单位。

例 2-2 如图 2-16 所示,电缆埋地引入,保护管 SC70 室外出散水 1.0 m,室外埋深

0.7 m,室内外高差0.6 m,钢管至AP0箱,AP0箱尺寸为1 000 mm×2 000 mm×500 mm,落地安装,基础为20号槽钢,从AP0箱分出三条回路N1、N2、N3供给动力、照明配电箱电源。其中AP1箱、AP2箱为动力配电箱,尺寸均为800 mm×600 mm×200 mm;AL箱为照明配电箱,尺寸为600 mm×500 mm×200 mm。AP0箱、AP1箱、AP2箱、AL箱箱底均距地面1.4 m。设备基础高0.3 m,设备配管管口高出基础面0.2 m。AK开关距地面1.3 m。计算图2-16中动力局部平面的配管、配线的工程量。

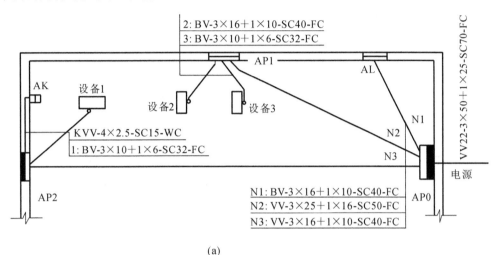

(a)

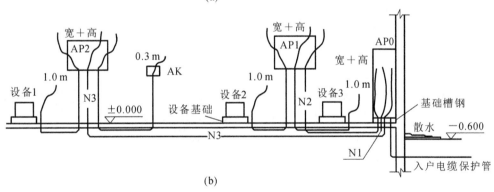

(b)

图2-16 例2-2图

① 入户电缆。

保护管SC70,入户电缆配线暂不考虑,外线时统一计算。配管工程量计算如下。

1.0 m(预留)+1.0 m(散水宽)+0.37 m(外墙)+0.25 m(箱厚一半)+0.7 m(埋深)+0.6 m(室内外高差)+0.2 m(基础槽钢)=4.12 m

② AP0箱出线。

a. N1:BV-3×16+1×10-SC40。

[3.0 m(至AL箱水平长)+0.2 m(基础槽钢)+0.3 m×2(管两端入地深)+1.4 m(AL箱高)](管长)+(1.0+2.0) m(AP0箱预留)+(0.6+0.5) m(AL箱预留)=9.3 m

b. N2:VV-3×25+1×16-SC50。

[5.0 m(至 AP1 箱水平长)＋0.2 m(基础槽钢)＋0.3 m×2(管两端入地深)＋1.4 m(AP1 箱高)](管长)＋(1.0＋2.0) m(AP0 箱预留)＋(0.8＋0.6) m(AP1 箱预留)＝11.6 m

c. N3：VV-3×16＋1×10-SC40。

[8.6 m(至 AP2 箱水平长)＋0.2 m(基础槽钢)＋0.3 m×2(管两端入地深)＋1.4 m(AP2 箱高)](管长)＋(1.0＋2.0) m(AP0 箱预留)＋(0.8＋0.6) m(AP2 箱预留)＝15.2 m

d. 电缆终端头：25 mm², 2 个；16 mm², 2 个。

e. 焊铜接线端子：16 mm², 3×2 个＝6 个；10 mm², 1×2 个＝2 个。

③ AP1 箱出线。

a. 设备 2：BV-3×16＋1×10-SC40。

[2.0 m(AP1 至设备水平长)＋1.4 m(箱高)＋0.3 m×2(管两端入地深)＋0.3 m(设备基础高)＋0.2 m(管口高出设备基础)](管长)＋(0.8＋0.6) m(AP1 箱预留)＋1.0 m(设备预留)＝6.9 m

b. 设备 3：BV-3×10＋1×6-SC32。

[2.5 m(AP1 至设备水平长)＋1.4 m(箱高)＋0.3 m×2(管两端入地深)＋0.3 m(基础高)＋0.2 m(管口高)](管长)＋(0.8＋0.6) m(AP1 箱预留)＋1.0 m(设备预留)＝7.4 m

c. 焊铜接端子。

16 mm²：3×2 个＝6 个；10 mm²：1×2 个＋3×2 个＝8 个；6 mm²：1×2 个＝2 个

④ AP2 箱出线。

a. 设备 1：BV-3×10＋1×6-SC32。

[2.0 m(AP2 至设备水平长)＋1.4 m(箱高)＋0.3 m×2(管两端入地深)＋0.3 m(基础高)＋0.2 m(管口高)](管长)＋(0.8＋0.6) m(AP2 箱预留)＋1.0 m(设备预留)＝6.9 m

b. 控制电缆：KVV-4×2.5-SC15。

[2.0 m(AP2 至设备水平长)＋(1.3＋0.3) m(AK 箱下返)＋(1.4＋0.3) m(AP2 箱下返)](管长)＋(0.8＋0.6) m(AP2 箱预留)＋0.3 m(AK 预留)＝7.0 m

c. 控制电缆头：2.5 mm², 1×2 个＝2 个。

d. 焊铜接线端子：10 mm², 3×2 个＝6 个；6 mm², 1×2 个＝2 个。

⑤ 基础槽钢[20a。

a. 安装：(1.0＋0.5) m×2＝3.0 m

b. 制作：3.0 m×22.637 kg/m＝67.911 kg

⑥ 设备安装、电机检查接线、电机调试等工程量略。

因设备的资料不全，该项工程量计算略。

学习情境 **3**

给排水、采暖、燃气工程工程量计算

■ **知识目标**

1. 熟悉管道工程相关定额手册。
2. 能识记给排水工程系统组成。
3. 能叙述给排水工程工程量计算方法。
4. 能识记采暖工程系统组成。
5. 能叙述采暖工程工程量计算方法。

■ **技能目标**

1. 能对定额中各项费用的规定、使用定额时的注意事项进行识记。
2. 能正确识读给排水工程图。
3. 能正确进行给排水工程工程量计算。
4. 能正确识读采暖工程图。
5. 能正确进行采暖工程工程量计算。

任务 1 定额概述（第十册）

一、给排水、采暖、燃气工程预算定额的适用范围

给排水、采暖、燃气工程预算定额适用于上海市工业与民用建筑（规划红线内）的生活用给排水、采暖、空调水、燃气系统中的管道、附件、器具及附属设备等安装工程。

二、给排水、采暖、燃气工程预算定额主要依据的规范标准

(1)《室外给水设计规范》(GB 50013—2006)。

(2)《室外排水设计规范(2016 年版)》(GB 50014—2006)。

(3)《建筑给水排水设计规范(2009 年版)》(GB 50015—2003)。

(4)《工业建筑供暖通风与空气调节设计规范》(GB 50019—2015)。

(5)《通风与空调工程施工规范》(GB 50738—2011)。

(6)《城镇燃气设计规范》(GB 50028—2006)。

(7)《给水排水工程基本术语标准》(GB/T 50125—2010)。

(8)《建筑给水排水及采暖工程施工质量验收规范》(GB 50242—2002)。

(9)《通风与空调工程施工质量验收规范》(GB 50243—2016)。

(10)《给水排水管道工程施工及验收规范》(GB 50268—2008)。

(11)《建筑中水设计规范》(GB 50336—2002)。

(12)《建筑给水塑料管道工程技术规程》(CJJ/T 98—2014)。

(13)《民用建筑太阳能热水系统应用技术规范》(GB 50364—2005)。

(14)《城镇燃气技术规范》(GB 50494—2009)。

(15)《太阳能供热采暖工程技术规范》(GB 50495—2009)。

(16)《民用建筑供暖通风与空气调节设计规范》(GB 50736—2012)。

(17)《医用气体工程技术规范》(GB 50751—2012)。

(18)《城镇给水排水技术规范》(GB 50788—2012)。

(19)《城镇供热管网工程施工及验收规范》(CJJ 28—2014)。

(20)《城镇燃气输配工程施工及验收规范》(CJJ 33—2005)。

(21)《城镇供热管网设计规范》(CJJ 34—2010)。

(22)《城镇供热直埋热水管道技术规程》(CJJ/T 81—2013)。

(23)《城镇燃气室内工程施工与质量验收规范》(CJJ 94—2009)。

(24)《建筑给水排水薄壁不锈钢管连接技术规程》(CECS 277—2010)。

（25）现行国家建筑设计标准图集、协会标准、产品标准等其他资料。

三、第十册与其他分册的关系

（1）工业管道、生产和生活共用的管道、锅炉房、泵房、站类管道以及建筑物内加压泵房、空调制冷机房、消防泵房的管道，管道焊缝热处理、无损探伤，医疗气体管道执行第八册《工业管道安装工程》相关定额项目。

（2）第十册定额未包括燃气系统的室外管道工程、燃气表、阀门等设备和配件的安装，执行《上海市燃气管道工程预算定额》相关定额项目。

（3）第十册定额未包括的采暖、给排水设备安装，执行第一册《机械设备安装工程》、第三册《静置设备与工艺金属结构制作安装工程》等相关定额项目。

（4）给排水、采暖设备、器具等电气检查、接线工作，执行第四册《电气设备安装工程》相关定额项目。

（5）刷油、防腐蚀、绝热工程执行第十二册《刷油、防腐蚀、绝热工程》相关定额项目。

（6）挖填土项目中，单根埋地管道、挖土深度在 1.5 m 以内的，以"m"为计量单位；多根埋地管道、挖土深度在 1.5 m 以内的，以"m³"为计量单位。挖土深度在 1.5 m 以上的，涉及管沟、工作坑及井类的土方开挖、回填、运输、垫层、基础、砌筑、地沟盖板预制安装、路面开挖及修复、管道砼支墩的项目，执行《上海市建筑和装饰工程预算定额》相关定额项目。混凝土管道、水泥管道安装执行《上海市城镇给排水管道工程预算定额》相关定额项目。

四、给排水、采暖、燃气工程预算定额中各项费用调整系数的规定

（1）脚手架搭拆费按定额人工费的 5％计算，其中人工占 35％。室外埋地管道工程不计取该费用。

（2）工程超高费（即操作高度增加费）：定额中按操作物高度离楼地面 3.6 m 为限，超过 3.6 m 时，超过部分工程量按定额人工乘以表 3-1 中的系数计算。工程超高费全部为人工费。

表 3-1　第十册工程超高费的调整系数

操作物高度	≤10 m	≤30 m	≤50 m
系数	1.10	1.20	1.50

（3）高层建筑增加费（高层建筑指高度在 6 层或 20 m 以上的工业和民用建筑）增加的费用按表 3-2 分别计取。

表 3-2　第十册高层建筑增加费的调整系数

建筑物檐高/m	≤40	≤60	≤80	≤100	≤120	≤140	≤160	≤180	≤200
建筑层数/层	≤12	≤18	≤24	≤30	≤36	≤42	≤48	≤54	≤60
按人工量的	2％	5％	9％	14％	20％	26％	32％	38％	44％

以上计算出的高层建筑增加费中，其中的 65％为人工降效，其余为机械降效。

（4）在洞库、地沟、已封闭的管道间（井）、地沟、吊顶内安装的项目，定额人工、机械乘以系数

1.20。

(5)采暖工程系统调整费按采暖系统工程人工费的 10%计算,其中人工占 35%。

(6)空调水系统调整费按空调水系统工程(含冷凝水管)人工费的 10%计算,其中人工占 35%。

五、第十册与市政管网工程的界线划分

(1)给水、采暖管道以与市政管道碰头点或以计量表、阀门(井)为界。

(2)室外排水管道以与市政管道碰头井为界。

(3)燃气管道以市政管道碰头点为界。

六、管道安装定额的适用范围

1.给排水管安装定额的道适用范围

(1)给水管道安装定额适用于生活饮用水、热水、中水及压力排水等管道的安装。

(2)塑料管安装定额适用于 UPVC、PVC、PP-C、PP-R、PE、PB 等塑料管安装。

(3)镀锌钢管(螺纹连接)安装定额适用于室内外焊接钢管的螺纹连接。

(4)钢塑复合管安装定额适用于内涂塑、内外涂塑、内衬塑、外覆塑内衬塑复合管道安装。

(5)钢管沟槽连接定额适用于镀锌钢管、焊接钢管及无缝钢管等沟槽连接的管道安装。不锈钢管、铜管、复合管的沟槽连接,可参照执行。

2.采暖管道安装定额的适用范围

(1)镀锌钢管(螺纹连接)安装定额适用于室内外焊接钢管的螺纹连接。

(2)预制直埋保温管安装定额适用于按照相关行业标准要求生产的成品保温管道及管件的安装。

3.空调水管道安装定额的适用范围

(1)镀锌钢管(螺纹连接)安装定额适用于空调水系统中采用螺纹连接的焊接钢管、钢塑复合管的安装项目。

(2)空调冷热水镀锌钢管(沟槽连接)安装定额适用于空调冷热水系统中采用沟槽连接的公称直径在 DN150 以下的焊接钢管的安装。

4.燃气管道安装定额的适用范围

(1)燃气管道安装定额适用于工作压力小于或等于 0.4 MPa(中压)的燃气系统。

(2)室内镀锌钢管(螺纹连接)安装定额适用于室内设燃气公司进户燃气表或进户点之后的燃气管道的安装。

任务 **2** 给排水工程工程量计算

一、管道安装工程量计算

1. 给排水管道界线划分

（1）室内外给水管道以建筑物外墙皮 1.5 m 为界，建筑物入口处设阀门者以阀门为界。室内外给水管道分界点如图 3-1 所示。

（2）室内外排水管道以出户第一个排水检查井为界。室内外排水管道分界点如图 3-2 所示。

（3）与工业管道界线以与工业管道碰头点为界。

（4）与设在建筑物内的水泵房（间）管道以泵房（间）外墙皮为界。

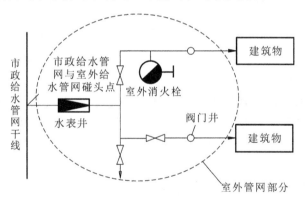

图 3-1 室内外给水管道分界点

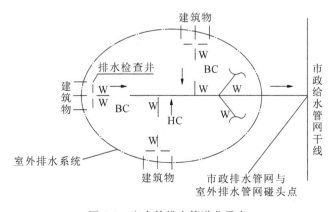

图 3-2 室内外排水管道分界点

2. 给排水管道安装工程量计算

管道工程量计算规则:各类管道安装工程量均按设计图示管道中心线长度以"m"为计量单位,不扣除阀门、管件及附件(包括器具组成)所占长度。

管道工程量计算总的顺序:由入(出)口起,先主干,后支管;先进入,后排出;先设备,后附件。

注意:(1)各类管道安装定额区分室内外、材质、连接形式、规格,以"m"为计量单位。定额中铜管、塑料管、复合管(除钢塑复合管外)以公称外径表示,其他管道均以公称直径表示。

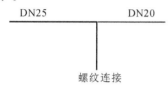

图 3-3　焊接钢管采用螺纹
连接时的变径点

(2)变径点是准确计算管道工程量的关键。焊接钢管管径 DN≤32 mm 时,采用螺纹连接,变径点一般在管道三通、分支处,如图 3-3 所示。

1)水平管道计算

水平管道的长度应根据施工平面图上标注的尺寸进行计算,可是安装工程施工平面图中的尺寸通常不是逐段标注的,所以在实际工作中利用比例尺进行计量。

图 3-4 所示为某卫生间排水系统平面图,管径变化如图 3-5 所示,计算该排水系统水平管道的长度时,在平面图中用比例尺量取各段长度。

例 3-1　计算图 3-4 所示卫生间排水系统中各水平管道的长度。

解　首先,查看施工图比例,选择合适的比例尺并复核;然后对管道按管径进行分类,分别计算各管径管道的长度。

(1)De110。从 PL-1 立管中心量至清扫口中心,De110 的长度为 4.4 m。

(2)De75。从排水横管三通(1 号)量至小便槽三通(2 号),长度为 2.7 m;小便槽内两个地漏间 De75 的长度为 2 m;再从 PL-1 立管中心量至三通(3 号)处,De75 的长度为 0.6 m。

合计 De75 的长度:2.7 m+2.0 m+0.6 m=5.3 m。

(3)De50。从 3 号三通处量至最远的地漏处,De50 的长度为 2.8 m。从 3 号三通量至排水栓处,De50 的长度为 0.25 m+0.25 m=0.5 m。

合计 De50 的长度:2.8 m+0.5 m=3.3 m。

2)垂直管道计算

垂直管道的长度应根据系统图上标注的标高进行计算。对于垂直管道的长度,切忌用比例尺在系统图上量取,而应该找标高求差进行计算。下面以立管为例说明垂直管道长度的计算步骤和方法。

例 3-2　计算图 3-6 所示给水系统的立管 JL-1、JL-2、JL-3 的长度。

解　每根立管可分三步进行长度计算:第一步,对管道按管径进行分类;第二步,找到变径点;第三步,计算各变径点之间的标高之差,并按管径汇总。

(1)JL-1 立管。

①DN70:标高从 −1.300 m 到 1.000 m,长度为 1.000 m−(−1.300) m=2.3 m。

②DN50:标高从 1.000 m 到 13.100 m,长度为 13.100 m−1.000 m=12.1 m。

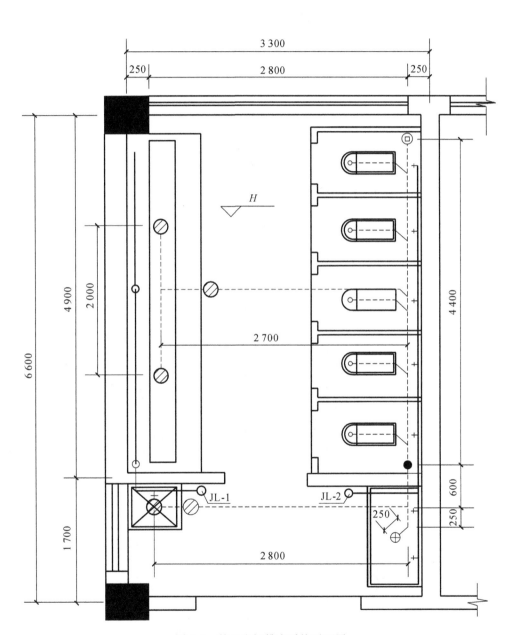

图 3-4 某卫生间排水系统平面图

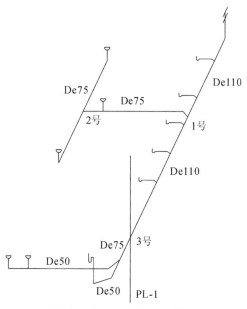

图 3-5　某卫生间排水系统图

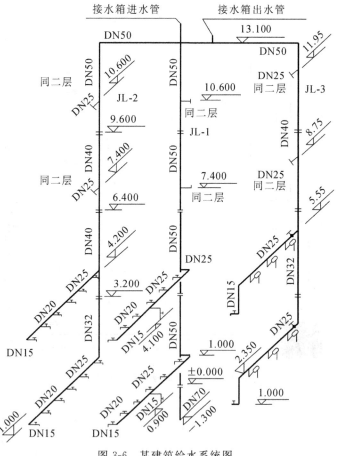

图 3-6　某建筑给水系统图

（2）JL-2 立管。

① DN50：标高从 10.600 m 到 13.100 m，长度为 13.100 m－10.600 m＝2.5 m。

② DN40：标高从 4.200 m 到 10.600 m，长度为 10.600 m－4.200 m＝6.4 m。

③ DN32：标高从 1.000 m 到 4.200 m，长度为 4.200 m－1.000 m＝3.2 m。

（3）JL-3 立管。

① DN50：标高从 11.950 m 到 13.100 m，长度为 13.100 m－11.950 m＝1.15 m。

② DN40：标高从 5.550 m 到 11.950 m，长度为 11.95 m－5.550 m＝6.4 m。

③ DN32：标高从 2.350 m 到 5.550 m，长度为 5.550 m－2.350 m＝3.2 m。

（4）垂直管道长度合计。

DN70：2.3 m。

DN50：12.1 m＋2.5 m＋1.15 m＝15.75 m。

DN40：6.4 m＋6.4 m＝12.8 m。

DN32：3.2 m＋3.2 m＝6.4 m。

3）人工挖填土方工程量计算

人工挖填土按设计图示沟槽长度乘以断面面积，以体积计算，不扣除管道所占的体积。

土石方工程详见《上海市建筑和装饰工程预算定额》具体要求。

二、管道附件工程量计算

管道附件的安装包括螺纹阀门、法兰阀门、塑料阀门、沟槽阀门、法兰、减压器、疏水器、除污器、水表、热量表、倒流防止器、水锤消除器、补偿器、软接头（软管）、塑料排水管消声器、浮标液面计、浮标水位标尺等的安装。

1. 阀门的安装

各种阀门、补偿器、软接头、普通水表、IC 卡水表、水锤消除器、塑料排水管消声器安装，均按照不同连接方式、公称直径，以"个"为计量单位。

2. 减压器、疏水器、水表、倒流防止器、热量表的安装

减压器、疏水器、水表、倒流防止器、热量表组成安装，按照不同组成结构、连接方式、公称直径，以"组"为计量单位。减压器安装按高压侧的直径计算。

螺纹水表组成示意图如图 3-7 所示。法兰水表组成示意图如图 3-8 所示。

图 3-7 螺纹水表组成示意图   图 3-8 法兰水表组成示意图

注意：（1）普通水表、IC 卡水表安装不包括水表前的阀门安装。水表安装定额是按与钢管连接编制的，若与塑料管连接，其定额人工乘以系数 0.6，材料、机械消耗量可按实调整。

（2）水表成组安装定额是根据国家建筑标准设计图集 05S502 编制的。法兰水表（带旁通管）组成安装定额中三通、弯头均按成品管件考虑。

（3）热量表组成安装定额是根据国家建筑标准设计图集 10K509、10R504 编制的；实际组成与此不同时，可按法兰、阀门等附件单独执行相应安装定额子目。热水采暖入口成套热量表包括热量表、差压控制阀、压力传感器、温度传感器、积分仪安装内容；户用成套热量表包括热量表、温度传感器、积分仪安装工作内容。

（4）倒流防止器组成安装定额是根据国家建筑标准设计图集 12S108-1 编制的。倒流防止器组成安装按连接方式不同分为带水表安装与不带水表安装。

3. 卡紧式软管的安装

卡紧式软管按照不同管径，以"根"为计量单位。

4. 法兰的安装

法兰区分公称直径，以"副"为计量单位。承插盘法兰短管按照不同连接方式、公称直径，以"副"为计量单位。

5. 浮标液面计、浮漂水位标尺的安装

浮标液面计、浮漂水位标尺区分不同的型号，以"组"为计量单位。

三、卫生器具安装工程量计算

卫生器具本身工程量计算简单，按照施工图设计统计数量即可。

卫生器具安装定额是参照国家建筑标准设计图集《给水排水标准图集　排水设备及卫生器具安装（2010 年合订本）》中有关标准图编制的。卫生器具安装定额中规定各种卫生器具均按设计图示数量计算，以"组"或"套"为计量单位。各类卫生器具安装定额包括卫生器具本体安装定额、配套附件安装定额、成品支托架安装定额。各类卫生器具配套附件包含给水附件（水嘴、金属软管、阀门、冲洗管、喷头等）和排水附件（下水口、排水栓、存水弯、与地面或墙面排水口间的排水连接管等）。

准确计算给排水工程量的关键是找准定额项目中所规定的室内给排水管道与卫生器具连接的分界线。

这里主要介绍以下几种常用卫生器具安装的工程量。

（1）给水管道工程量计算至卫生器具（含附件）前与管道系统连接的第一个连接件（角阀、三通、弯头、管箍等）。

（2）排水管道工程量自卫生器具出口处的地面或墙面的设计尺寸算起；与地漏连接的排水管道自地面设计尺寸算起，不扣除地漏所占长度。

1. 盆具安装工程量计算

盆具安装是指浴盆、净身盆、洗脸盆、洗手盆、洗涤盆、化验盆等陶瓷成品盆具的安装。盆具

安装水平给水管高度表如表 3-3 所示。

表 3-3 盆具安装水平给水管高度表

盆 具	水平管距地面高度/mm
浴盆	750
净身盆	250
洗脸盆	530
洗涤盆	995
化验盆	850

1）定额套用

卫生器具安装定额是参照国家建筑标准设计图集《给水排水标准图集 排水设备及卫生器具安装（2010 年合订本）》中有关标准图编制的。

2）计算方法

（1）浴盆安装。

浴盆安装以"组"为计算单位。

① 给水管分界：分界点在水平管与支管的交接处，冷热水混合水嘴或冷水嘴的标高一般为 $H+0.750$ m。若水平管的设计高度与此不符，则需增加引上（下）管，该管段应计入室内给水管道的延长米中。冷水浴盆定额中含给水管 0.15 m；冷热水浴盆定额中含给水管 0.30 m。

② 排水管分界：分界点以浴盆排水管出口处的地面的设计尺寸算起，定额排水部分含浴盆排水配件和一个存水弯，但排水配件和存水弯之间的垂直排水短管应计入室内排水管道的延长米中。

冷热水浴盆的安装范围如图 3-9 所示。

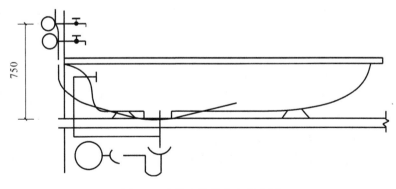

图 3-9 冷热水浴盆的安装范围

（2）洗脸盆安装。

洗脸盆、洗手盆安装以"组"为计算单位。

① 给水管分界：洗脸盆给水管的布置形式主要有上配水形式和下配水形式两种。

a.上配水形式：分界点在水嘴支管与水平管连接的三通处，水平管标高一般为 $H+1.000$ m。

b.下配水形式：分界点在角式截止阀（角阀）处，角阀以上的给水管包括在定额中，角阀标高

一般为 $H+0.450$ m。若水平管的设计高度与此不符,则需增加引上(下)管,该管段应计入室内给水管道的延长米中。

② 排水管分界:排水管分界点在存水弯与器具排水管交接处,一般在地面位置。

洗脸盆的安装范围如图 3-10 所示。

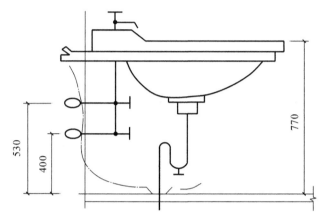

图 3-10　洗脸盆的安装范围

(3) 洗涤盆、化验盆安装。

洗涤盆、化验盆安装以"组"为计算单位

洗涤盆安装定额子目中未计价材料为盆具、水嘴等,肘式开关、脚踏开关、回转龙头、回转混合龙头开关洗涤盆安装定额子目中未计价材料为盆具、开关和龙头等。

① 洗涤盆安装。

a.给水管分界:分界点同洗脸盆。

b.排水管分界:分界点在排水横管与器具排水立管交界处,因为定额中含 DN50 排水管 0.4 m/组,若排水横管的设计与此不符,则需增加引上管,该管段应计入室内排水管道的延长米中。

② 化验盆安装。

a.给水管分界:单联、双联、三联化验盆的分界点在化验盆上沿(实验桌台面),因为定额中每组化验盆含给水管 0.2 m/组;脚踏式开关化验盆分界点在脚踏开关处,因为定额中含给水管 1.3 m/组。

b.排水管分界:分界点在排水横管与器具排水立管交接处,因定额中含 DN50 排水管 0.6 m/组。若排水横管的设计与此不符,则需增加引上管,该管段应计入室内排水管道的延长米中。

c.若化验盆用洗涤盆代替,则排水分界点执行洗涤盆的标准。

2.淋浴器安装工程量计算

淋浴器安装以"组"为计算单位。

淋浴器有成品的,也有用管件和管子在现场组装的。

给水管分界:分界点在水平管与支管的交接处,定额含混合水管和相应阀门、喷头,冷水管标高一般为 $H+0.900$ m。

淋浴器的安装范围如图 3-11 所示。

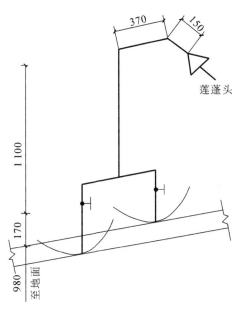

图 3-11　淋浴器的安装范围

3. 便溺器具安装工程量计算

便溺器具有大便器和小便器,由便器和冲洗设备组成。

大便器安装以"套"为计算单位。

1) 坐式大便器

坐式大便器按水箱的设置方式分为低水箱坐式大便器、带水箱坐式大便器、连体水箱坐式大便器。

(1) 给水管分界:分界点在水平管与连接水箱支管的交接处,坐式大便器安装定额中含进水箱的给水管 0.3 m,角阀标高一般为 $H+0.250$ m。若水平管的设计高度与此不符,则需增加引上(下)管,该管段应计入室内给水管道的延长米中。

(2) 排水管分界:分界点在坐式大便器排出口与器具排水立管的交接处。坐式大便器本身有水封设施,定额中不含存水弯。

低水箱坐式大便器的安装范围如图 3-12 所示。

2) 蹲式大便器

蹲式大便器按冲洗方式分为冲洗水箱蹲式大便器和冲洗阀蹲式大便器。

(1) 给水管分界。

① 高水箱:分界点在水平管与水箱支管的交接处,定额中含 DN15 给水管 0.3 m/套,含 DN32 冲洗管 2.5 m/套。

② 低水箱:分界点在角阀处,角阀标高一般为 $H+0.700$ m,水箱底距离蹲式大便器台面 900 mm,定额中含 DN50 冲洗管 1.1 m/套。

③ 冲洗阀:分界点在水平管与冲洗管的交接处,普通冲洗阀和手压式冲洗阀的交接点标高一般为 $H+1.500$ m;脚踏式冲洗阀和自闭式冲洗阀的交接点标高一般为 $H+1.000$ m。

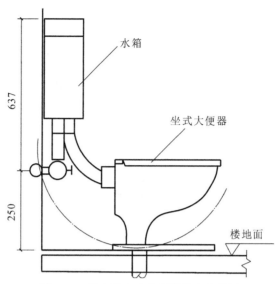

图 3-12　低水箱坐式大便器的安装范围

（2）排水管分界。

分界点以存水弯排出口为界，定额中每套蹲式大便器含 1 个 DN100 存水弯，但蹲式大便器排水口和存水弯之间的垂直器具排水短管应计入室内排水管道的延长米中。

冲洗水箱蹲式大便器的安装范围如图 3-13 所示，冲洗阀蹲式大便器的安装范围如图 3-14 所示。

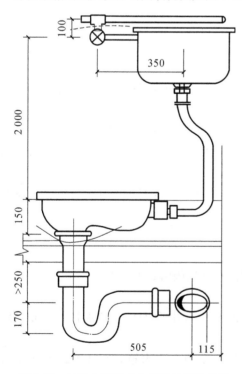

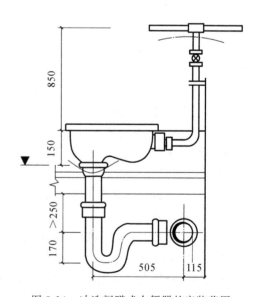

图 3-13　冲洗水箱蹲式大便器的安装范围　　　　图 3-14　冲洗阀蹲式大便器的安装范围

3）小便器

小便器安装以"套"为计算单位。

小便器按形式和安装方式分为挂斗式小便器和立式小便器。

（1）给水管分界：分界点在水平管与冲洗管的交接处；普通挂斗式小便器的水平管标高一般为 $H+1.200$ m，定额中含给水管 0.15 m/套；高水箱（单联、双联、三联）小便器的水平管标高一般为 $H+2.000$ m，定额中含给水管 0.3 m/套。

（2）排水管分界：挂斗式小便器分界点在存水弯与器具排水管的交界处，一般在地面位置；立式小便器分界点在排水横管与器具排水立管的交界处，因为立式小便器安装定额中含 DN50 排水管，其中单联、双联、三联所含排水管分别为 0.3 m、0.6 m、0.9 m。

（3）小便槽冲洗管：给水管道延长米算至冲洗花管的高度，阀门、冲洗花管应另行计算，分别套相应定额。

普通挂斗式小便器的安装范围如图 3-15 所示，小便槽的安装范围如图 3-16 所示。

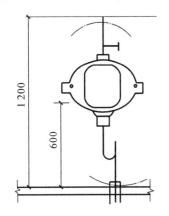

图 3-15　普通挂斗式小便器的安装范围

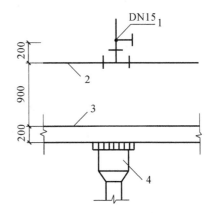

图 3-16　小便槽的安装范围
1—DN15 截止阀；2—DN15 多孔冲洗管；3—小便槽踏步；4—地漏

4）盥洗槽

盥洗槽长度在 3 m 内时设一个排水栓，按乙型污水池考虑；盥洗槽长度超过 3 m 时设两个排水栓（带存水弯和不带存水弯各一个）。

（1）盥洗槽给水管及水龙头另计。

（2）排水管分界点在地面位置，每个排水栓垂直排出部分定额已经考虑，但两个排水栓之间的横管长度要计入排水管延长米中。

4. 水龙头和排水部件安装工程量计算

水龙头和排水部件安装以"个"为计算单位。

1）水龙头和排水栓

污水池、洗涤池、盥洗槽是钢筋混凝土结构物，在 1 m 处安装水龙头并在排水口处装设排水栓，以保护排水口、便于连接排水管和方便使用。

2）地漏

地漏安装以"个"计量，以"10 个"为单位套用定额。地漏是未计价材料。

地漏安装示意图如图 3-17 所示。

3）清扫口

在连接 2 个或 2 个以上大便器、3 个及 3 个以上其他卫生器具的污水横管上应设清扫口，如

图 3-18 所示。根据公称直径的不同,清扫口安装分别以"个"为计算单位。清扫口可分为地面清扫口和水平清扫口:上返到地面上的为地面清扫口,安装于各层排水横管末端的为水平清扫口。

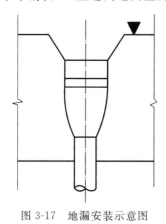

图 3-17　地漏安装示意图　　　　　图 3-18　清扫口安装示意图

1—铜清扫口盖;2—铸铁清扫口身;3—排水管弯头

5.水箱

水箱根据成形情况分为成品水箱、现场制作的水箱(钢板)。成品水箱只考虑水箱安装,现场制作的水箱要考虑水箱的制作和水箱的安装。

1)成品水箱安装

成品水箱安装以"个"为计算单位,按水箱容量(m^3)的大小,执行相应安装项目。成品水箱为未计价材料。

2)钢板水箱制作、安装

(1)钢板水箱制作,以"kg"为计算单位。按施工图所示尺寸,不扣除人孔、手孔重量进行计算,其上的法兰、短管、水位计、内外人梯均未包括在项目内,发生时可另行计算。

① 标准钢板水箱制作:重量采用标准图集提供的重量。

② 非标准钢板水箱制作:可以采用内插法,参考标准图集提供的水箱体积和重量进行计算,也可以按水箱详图所示尺寸详细计算水箱重量。

(2)钢板水箱安装:以"个"为计算单位,按水箱容量(m^3)的大小,执行相应安装项目。

任务3 采暖工程工程量计算

一、管道安装工程量计算

1.采暖工程基本组成

采暖工程包括室外供热管网和室内采暖系统两大部分。

1）室外供热管网

室外供热管网的任务是将锅炉生产的热能，通过蒸汽、热水等热媒输送到室内采暖系统，以满足生产、生活的需要。

2）室内采暖系统

室内采暖系统根据室内供热管网输送的介质不同分为热水采暖系统和蒸汽采暖系统两大类。自然循环上分式单管热水采暖系统如图 3-19 所示，机械循环上分式双管蒸汽采暖系统如图 3-20 所示。

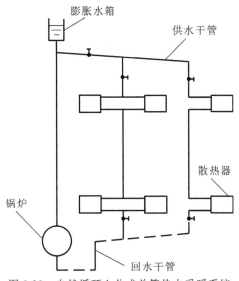
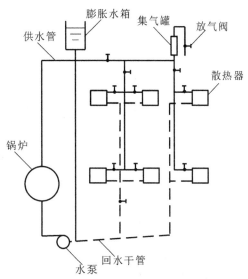

图 3-19　自然循环上分式单管热水采暖系统　　　　图 3-20　机械循环上分式双管蒸汽采暖系统

2. 采暖管道工程量计算

1）管道界线划分

要编制室内采暖工程施工图预算，必须先对采暖工程的范围进行划分。

（1）采暖管道界线划分。

① 室内外管道以建筑物外墙皮 1.5 m 为界；建筑物入口处设阀门者以阀门为界，室外设有采暖入口装置者以入口装置循环管三通为界。

② 与工业管道界限以锅炉房或热力站外墙皮 1.5 m 为界。

③ 与设在建筑物内的换热站管道以站房外墙皮为界。

（2）空调水管的界限划分。

① 室内外管道以建筑物外墙皮 1.5 m 为界；建筑物入口处设阀门者以阀门为界。

② 与设在建筑物内的空调机房管道以机房外墙皮为界。

2）工程量计算规则

各类管道安装工程量，均按设计图示管道中心线长度，以"m"为计量单位，不扣除阀门、管件及附件（包括器具组成）所占长度，但要扣除散热器所占的长度。管道附件是指减压器、疏水器及采暖入口装置等。

采暖系统的水平干管、垂直干管的计算与给排水管道的水平管、垂直管的计算相同，这里不再讲述，只讲与散热器连接的水平支管、立支管的计算。

（1）撖弯增加长度。

在采暖系统的安装过程中，常常需要对管道进行撖弯，以适应管道热胀。在横干管与立支管连接处、水平支管与散热器连接处，设乙字弯（见图3-21(a)、(b)）；在立支管与水平支管交叉处，设抱(括)弯（见图3-21(c)）绕行；在立管、水平管分支处，设羊角弯（见图3-21(d)）。

撖弯增加长度表如表3-4所示。

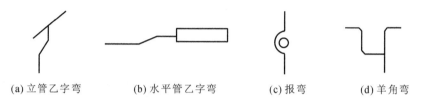

(a) 立管乙字弯　　　　(b) 水平管乙字弯　　　　(c) 报弯　　　　(d) 羊角弯

图 3-21　乙字弯、抱弯、羊角弯的形式

表 3-4　撖弯增加长度表

管　　道	撖　　弯		
	乙　字　弯	抱　　弯	羊　角　弯
	增加长度/mm		
立管	60	60	分支处设置 300～500
支管	35	50	

注：此表中的数据为参考数据。

（2）水平支管安装工程量计算。

① 水平串联支管安装工程量的计算。

例 3-3　计算图3-22所示水平串联支管安装工程量。

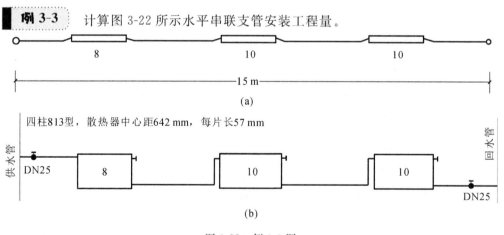

图 3-22　例 3-3 图

解　在平面图上，用比例尺量得供、回两立管管中心长度为15 m。

水平长度＝供、回两立管中心管线长度－散热器长度＋乙字弯增加长度

DN25 水平长度＝15 m－(8＋10＋10)×0.057 m＋6×0.035 m(水平管乙字弯)

　　　　　　＝15 m－1.596 m＋0.21 m＝13.614 m

垂直长度＝散热器中心距长×个数

　　　　DN25 垂直长度＝2×0.642 m＝1.284 m

合计 DN25:13.614 m ＋1.284 m ＝14.898 m

② 单侧散热器水平支管安装工程量的计算。

例 3-4 计算图 3-23 所示单侧散热器水平支管安装工程量（散热器为四柱 812 型）。

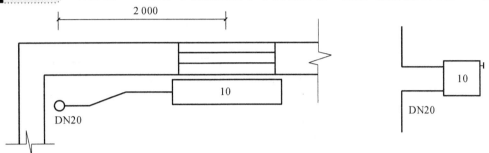

图 3-23 例 3-4 图

解 在平面图上,用比例尺量得立管中心至散热器中心长度为 2 m,散热器中心对准窗户中心安装。

水平长度＝立管中心至散热器中心长度×2－散热器长度＋乙字弯增加长度

DN15 水平长度＝2.0 m×2－10×0.057 m＋2×0.035 m（水平管乙字弯）

＝4 m－0.57 m＋0.07 m＝3.5 m

③ 双侧散热器水平支管安装工程量的计算。

例 3-5 计算图 3-24 所示双侧散热器水平支管安装工程量（散热器为四柱 813 型）。

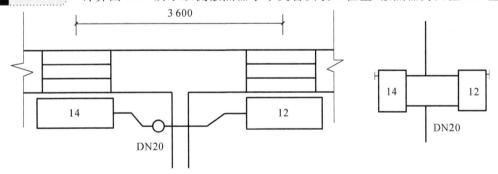

图 3-24 例 3-5 图

解 在平面图上,用比例尺量出两组散热器中心（窗户中心）长度为 3.6 m。

水平长度＝两组散热器中心长度×2－散热器长度＋乙字弯增加长度

DN20 水平长度＝3.6 m×2－(14＋12) ×0.057 m＋4×0.035 m（水平管乙字弯）

＝7.2 m－1.482 m＋0.14 m＝5.858 m

（3）立支管安装工程量的计算。

例 3-6 计算图 3-25 所示垂直立支管安装工程量。已知图 3-25 所示为某二层部分采暖系统图,散热器为四柱 813 型。请根据标高进行计算。

解 该题可分单管立管 1、2 号和双管立管 3 号分别进行计算。

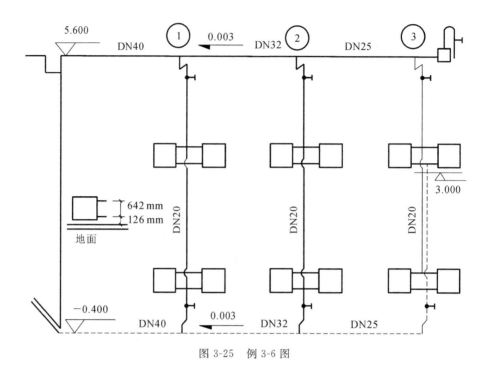

图 3-25　例 3-6 图

单管立管长度＝单管立管上、下端标高差－断开的散热器的中心距长＋单管立管揻弯所增加的长度

1 号单管立管:DN20＝5.6 m－(－0.4 m)－2×0.642 m＋2×0.06 m(单管立管乙字弯)＝4.836 m

1 号、2 号单管立管合计:DN20＝4.836 m ×2＝9.672 m

双管立管长度＝供水管标高差＋回水管标高差＋立管各种揻弯所增加的长度

3 号双管立管供水管上标高为 5.600 m,下标高为 0.642 m＋0.126 m＝0.768m(参见散热器尺寸与地面示意图)。

3 号双管立管回水管上标高为 3.0 m＋0.126 m＝3.126 m(参见散热器尺寸与地面示意图);下标高为－0.400 m。

3 号双管立管 DN20＝5.6 m－0.768 m＋3.126 m－(－0.4 m)＋2×0.06 m(双管立管抱弯)＋2×0.06 m(双管立管乙字弯)＝8.598 m

二、阀门安装工程量计算

阀门安装均以"个"计量,工程量计算与给水管道相同。

三、低压器具的组成与安装工程量计算

采暖、热水工程中的低压器具是指减压器和疏水器。

1. 减压器安装

按连接方式(螺纹连接或焊接)和公称直径不同,减压器安装以"组"计算。

(1)热水系统减压装置如图 3-26 所示。

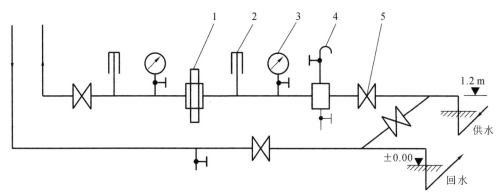

图 3-26　热水系统减压装置

1—调压板;2—温度计;3—压力表;4—除污器;5—阀门

(2)蒸汽凝结水管减压装置如图 3-27 所示。

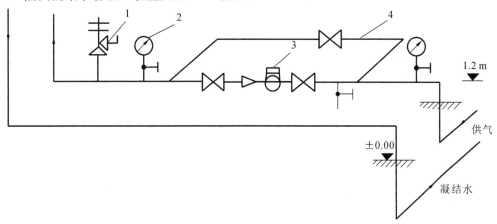

图 3-27　蒸汽凝结水管减压装置

1—安全阀;2—压力表;3—减压阀;4—旁通管

2. 疏水器安装

与减压阀类似,疏水器是由疏水器和前后的控制阀、旁通装置、冲洗和检查装置等组成的阀组的合称。按连接方式和公称直径的不同,疏水器安装以"组"计算。

(1)疏水器不带旁通管如图 3-28(a)所示。

(2)疏水器带旁通管如图 3-28(b)所示。

(3)疏水器带滤清器(见图 3-28(c))时,滤清器安装另计。

3. 单体安装

减压器、疏水器单体安装套用同管径阀门全国统一安装工程预算定额;安全阀安装按公称

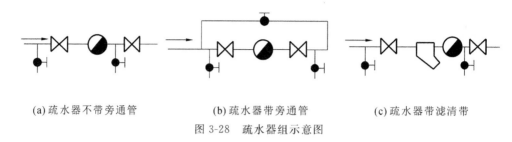

(a)疏水器不带旁通管　　　　(b)疏水器带旁通管　　　　(c)疏水器带滤清带

图 3-28　疏水器组示意图

直径不同以"个"计量,套用第八册《工业管道安装工程》定额;压力表安装可使用第六册《自动化控制装置及仪表安装工程》定额。

单体安装如图 3-29 所示。

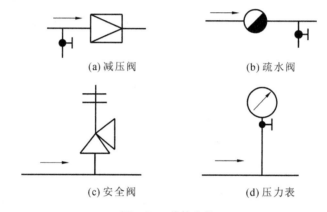

(a)减压阀　　　　　　　　　(b)疏水阀

(c)安全阀　　　　　　　　　(d)压力表

图 3-29　单体安装

四、供暖器具制作安装工程量计算

1. 铸铁散热器安装工程量

铸铁散热器分柱形和圆翼形、长翼形三种。铸铁散热器示意图如图 3-30 所示。

铸铁散热器安装分落地安装、挂式安装。成组铸铁散热器安装按每组片数不同,以"组"为计量单位。铸铁散热器组对安装以"片"为计量单位。

2. 钢制散热器安装工程量

柱式钢制散热器安装按每组片数不同,以"组"为计量单位;闭式钢制散热器安装以"片"为计量单位;其他成品钢制散热器安装以"组"为计量单位。

钢制散热器的外形如图 3-31 所示。

3. 光排管散热器制作与安装工程量

光排管散热器分为 A 型、B 型两种,如图 3-32 所示。在图 3-32(b)中,D 为光排管的公称直径。按图示散热器长度,根据光排管不同公称直径,计算光排管长度,以"m"为计量单位,其中联

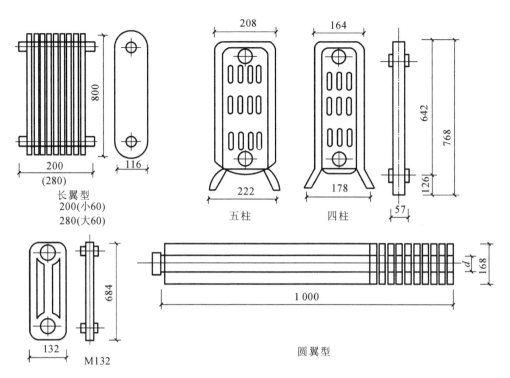

图 3-30　铸铁散热器示意图

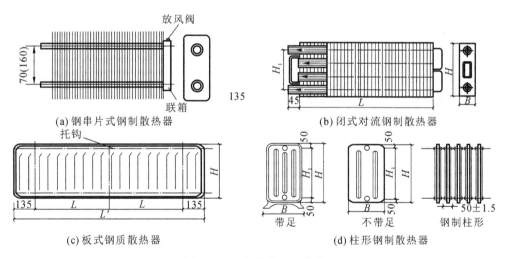

图 3-31　钢制散热器的外形

管、支撑管不计入光排管安装工程量;光排管散热器安装不分 A 型、B 型,按光排管散热器长度,根据光排管的公称直径,以"组"为计量单位。

4. 艺术造型散热器安装工程量

艺术造型散热器安装按与墙面的正投影(高×长)计算面积,以"组"为计量单位。具有不规则形状的艺术造型散热器以正投影轮廓的最大高度乘以最大长度计算面积。

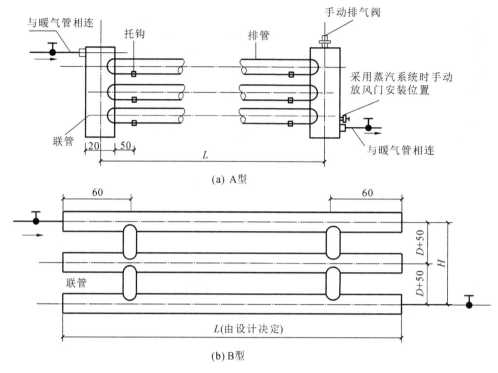

(a) A型

(b) B型

图 3-32　光排管散热器

5. 暖风机和热空气幕安装工程量

暖风机和热空气幕安装按质量不同,以"台"计量。

6. 地板辐射采暖管道安装工程量

地板辐射采暖管道安装根据管道外径不同,按设计图示中心线计算长度,以"m"为计量单位。保护层(铝箔)、隔热板、钢丝网安装按设计图示尺寸计算实际铺设面积,以"m²"为计量单位。边界保温带安装按设计图示长度,以"m"为计量单位。

学习情境 4

工业管道安装工程工程量计算

· ·

■ 知识目标

1. 熟悉工业管道安装工程定额手册。
2. 能识记工业管道系统组成。
3. 能叙述工业管道安装工程工程量计算方法。

■ 技能目标

1. 能识记定额中各项费用的规定、使用定额时的注意事项。
2. 能正确识读工业管道系统施工图。
3. 能准确进行工业管道安装工程工程量计算。

任务 **1** 定额概述（第八册）

一、工业管道安装工程预算定额适用范围

工业管道安装工程预算定额适用于厂区范围内的车间、装置、站、罐区及其相互之间各种生产用介质输送管道,厂区第一个连接点以内的生产用（包括生产与生活共用）给水、排水、蒸汽、燃气等输送管道的安装工程。其中给水以入口水表井为界,排水以厂区围墙外第一个污水井为界,蒸汽和燃气以入口第一个计量表（阀门）为界,锅炉房、水泵房以外墙皮为界。

二、工业管道安装工程预算定额依据的主要标准、规范

（1）《工业金属管道工程施工规范》（GB 50235—2010）。

（2）《工业金属管道工程施工质量验收规范》（GB 50184—2011）。

（3）《现场设备、工业管道焊接工程施工规范》（GB 50236—2011）。

（4）《现场设备、工业管道焊接工程施工质量验收规范》（GB 50683—2011）。

（5）《金属熔化焊焊接接头射线照相》（GB/T 3323—2005）。

（6）《承压设备无损检测》（NB/T 47013）。

（7）《气焊、焊条电弧焊、气体保护焊和高能束焊的推荐坡口》（GB/T 985.1—2008）。

（8）《埋弧焊的推荐坡口》（GB/T 985.2—2008）。

（9）相关标准图集和技术手册。

三、有关说明

（1）生产、生活共用的给水、排水、蒸汽、燃气等输送管道,执行本册定额;生活用的各种管道执行第十册《给排水、采暖、燃气工程》相应定额子目。

（2）单件重100 kg以上的管道支吊架制作安装,管道预制钢平台的搭拆执行第三册《静置设备与工艺金属结构制作安装工程》中相应定额子目。

（3）地下管道的管道沟、土石方及砌筑工程,执行《上海市建筑和装饰工程预算定额》。

（4）刷油、绝热、防腐蚀、衬里,执行第十二册《刷油、防腐蚀、绝热工程》相应定额子目。

（5）方形补偿器安装、直管执行本册定额第一章相应定额子目,弯头执行本册第二章相应定额子目。

（6）场外运输是指材料及半成品在施工现场范围以外的水平运输,包括从业主供应仓库到场外防腐厂、场外预制厂,从场外防腐厂到场外预制厂,从场外预制厂到安装现场等。

四、工业管道安装工程预算定额内不包括的内容

(1)单体试运转所需的水、电、蒸汽、气体、油(油脂)、燃气等。

(2)配合联动试车费。

(3)管道安装后的充氮、防冻保护。

(4)设备、材料、成品、半成品、构件等卸车费用。

(5)设备、材料、成品、半成品、构件等在施工现场范围以外的运输费用。

五、各项费用的规定

(1)厂区外 1 km 至 10 km 内的管道安装项目,其定额人工、机械台班乘以系数 1.10,定额中未考虑临时发电设施的机械台班用量。

(2)管廊及整体封闭式(非盖板封闭)地沟的管道施工,其定额人工、机械台班乘以系数 1.20。

(3)超低碳不锈钢管执行不锈钢管定额,其定额人工、机械台班乘以系数 1.15,焊材可替换,消耗量不变。

(4)凡需预安装(衬里钢管除外)的情况,其定额人工按直管安装和实际管件连接的定额人工之和乘以系数 2.0,其余不变。

(5)高合金钢管执行合金钢管定额,其定额人工和机械台班乘以系数 1.15,焊材可替换,消耗量不变。

(6)氩弧焊(或氩电联焊)定额子目采用电弧焊焊接时定额乘以系数 0.64,否则定额乘以系数 1.56。

(7)钛管道、锆管道、镍管道、双相不锈钢管道、铜管及相应材质管件、法兰安装定额中焊材可替换,消耗量不变。

(8)脚手架搭拆费按定额人工的 10% 计算,其中人工占 35%。

(9)工程超高费(即操作高度增加费):本册定额施工高度以基准 20 m 以内取定,施工高度超过 20 m 时,超过部分工程量定额人工、机械台班乘以表 4-1 中的系数,工程超高费分别为人工费、机械费用。

表 4-1　第八册工程超高费的调整系数

操作物高度	≤30 m	≤50 m	>50 m
系数	1.2	1.5	协商

六、主要材料损耗率

第八册主要材料损耗率如表 4-2 所示。

表 4-2　第八册主要材料损耗率

序号	材料名称	损耗率/(%)	序号	材料名称	损耗率/(%)
1	低、中压碳钢管	4.0	13	承插铸铁管	2.0
2	高压碳钢管	3.6	14	法兰铸铁管	1.0
3	碳钢板卷管	4.0	15	塑料管	3.0
4	低、中压不锈钢管	3.6	16	玻璃管	4.0
5	高压不锈钢管	3.6	17	玻璃钢管	2.0
6	不锈钢板卷管	4.0	18	冷冻排管	2.0
7	高、中、低压铬钼钢管	3.6	19	预应力混凝土管	1.0
8	有缝低温钢管	2.0	20	螺纹管件	1.0
9	无缝铝管	4.0	21	螺纹阀门(DN20 以下)	2.0
10	铝板卷管	4.0	22	螺纹阀门(DN20 以上)	1.0
11	铜板卷管	4.0	23	螺栓	3.0
12	衬里钢管	4.0			

任务 2 工业管道安装工程工程量计算

一、管道安装工程量计算

1. 工程量计算规则

（1）管道安装按不同压力、材质、连接形式，以"m"为计量单位。

（2）各种管道安装工程量，按设计管道中心线以延长米长度计算，不扣除管件、阀门、法兰等所占长度。

（3）加热套管安装按内、外管分别计算工程量，外管按相应管道安装定额人工、机械台班乘以系数 1.2。

2. 管材

管材的分类、名称和用途如表 4-3 所示，伴热管的形式和特点如表 4-4 所示。

表 4-3　管材的分类、名称和用途

类　别	名　称	用　途
金属管材	碳素钢管	碳素钢管按生产方式分为无缝碳素钢管和焊接碳素钢管两种。无缝碳素钢管主要用于石油输送、地质勘探及作各种液体、气体管道；焊接碳素钢管一般用于作输水、燃气（煤气、天然气）、暖气管道
	合金钢管	合金钢管是在碳素钢中加入铬、钼、镍等金属元素加工而成的钢管。合金钢管多用作温度高、压力大、腐蚀性强的生产工艺输送管道，如用于化学工业、石油工业、石油化工工业等
	不锈钢管	不锈钢管是一种无缝钢管，根据铬、镍、钛等金属元素含量不同有很多品种。不锈钢管适合的温度为 $-196 \sim 700\ ℃$，具有很高的耐腐蚀性能，能抵抗各种酸介质的腐蚀，能承受各种压力
	有色金属管	在工业管道工程中常用的有色金属管有纯铜管、黄铜管、铝管、铅管、铝合金管和铅合金、钛管等，这些管道在工业管道工程中主要用于腐蚀性介质的输送等
	铸铁管（生铁管）	铸铁管按其管端接头处形状的不同可分为承插式和法兰盘式两种。铸铁管一般用于 1 MPa 以下的低压场合
非金属管材	塑料管	塑料管主要有聚氯乙烯管和聚乙烯管等，主要用作化工、造纸、电子、石油等工业的防腐蚀流体介质的输送管道。软塑料管分为输送流体用管和电线绝缘用管两种，输送流体用管用于输送某些适宜的流体，电线绝缘用管用于保护电线、电缆
	混凝土管	混凝土管分为预应力钢筋混凝土管、自应力钢筋混凝土管等，主要用作市政给水排水管道和厂矿企业界区外的给水排水管道

表 4-4　伴热管的形式和特点

形　式	特　点
内伴热管	内伴热是指在加热介质的管道内，加装小直径的蒸汽伴热管。它的热效率在所有蒸汽伴热内是最高的，但内伴热施工安装复杂，检修困难，蒸汽管漏气时也不易发现，因此应用不多
伴热套管	伴热套伴热指在被加热的介质管道外面装设加热用的外套管。它的热效率高，但耗材钢材多，可用于输送凝固点为 $50 \sim 150\ ℃$ 的介质管路，此时可采用蒸汽加热。伴热套管主要用于对加热要求较高的介质管路上。当用于凝固点高于 $150\ ℃$ 的介质管路时，加热介质应采用联苯或联苯醚
外伴热管	外伴热是指在被加热管的下方平行装设小直径的蒸汽伴热管，并将被加热管和蒸汽伴热管包在同一绝热层内。它的热效率虽然不如内伴热和伴热套伴热高，但施工检修方便，不会发生介质泄漏的事故，因此得到广泛应用

3. 使用定额时应注意的问题

（1）管道安装包括直管安装全部工序内容，不包括管件连接、阀门安装、法兰安装、管道压力试验、吹扫与清洗、焊口无损检测、预热及后热、热处理、硬度测定、光谱分析、管道支吊架制作和安装。

（2）有缝钢管安装包括封头、补芯安装。

（3）伴热管安装包括煨弯工序。

（4）成品钢管法兰连接执行成品衬里钢管安装项目。

（5）低压螺旋卷管安装按中压相应定额乘以系数 0.8。

（6）衬里钢管预制包括直管、管件、法兰全部预制工作内容（一次安装、一次拆除），但不包括衬里及场外运输。

二、管件连接工程量计算

1. 工程量计算规则

（1）各种管件连接均按压力、材质、焊接形式，不分种类，以"个"为计量单位。

（2）挖眼接管三通支线管径小于主管管径 1/2 时，不计算管件连接工程量；在主管上挖眼焊接管接头、凸台等配件，按配件管径计算管件连接工程量。

（3）半加热外套管捆口后焊在内套管上，每个焊口按一个管件计算。外套碳钢管焊在不锈钢管内套管上时，焊口间需加不锈钢短管衬垫，每处焊口按两个管件计算，衬垫短管按设计长度计算。如设计无规定，按 50 mm 长度计算其价值。

2. 使用定额时应注意的问题

（1）在管道上安装的仪表一次部件，按管件连接相应定额乘以系数 0.7。

（2）仪表的温度计扩大管制作安装，按管件连接定额乘以系数 1.5，工程量按大口径计算。

（3）仪表的温度计扩大管制作安装，按管件连接相应子目定额乘以系数 1.5。

（4）焊接盲板按管件连接相应子目定额乘以系数 0.6。

（5）低压螺旋卷管管件连接按中压定额管件连接相应子目定额乘以系数 0.8。

（6）管件制作，执行本册第十四章相应定额子目。

（7）各种管道（在现场加工）在主管上挖眼接管三通、捆制异径管，应按压力、材质、规格，均以主管管径执行管件连接相应定额子目，不另计制作费和主材费。

（8）管件用法兰连接时，执行法兰安装相应定额子目，管件本身安装不再计算安装费。

（9）定额中已综合考虑了弯头、三通、异径管、管帽、管接头等管口含量的差异，使用定额时按设计图纸用量不分种类执行同一定额。

（10）全加热套管的外套管件安装，定额是按两半管件考虑的，包括两道纵缝和两个环缝。两半封闭短管可执行管件（两半）定额子目。

三、阀门安装工程量计算

1. 工程量计算规则

（1）各种阀门按设计图纸规定的压力（等级）、连接形式，不分种类，以"个"为计量单位执行相应定额子目。

（2）各种法兰安装、阀门与配套法兰的安装，应分别计算工程量；螺栓与透镜垫的安装费已包括在定额内，其本身价值另行计算；螺栓的规格数量，设计未做规定时，可根据法兰阀门的压力和法兰密封形式，按"法兰螺栓重量表"计算。

（3）减压阀直径按高压侧计算。

2. 使用定额时应注意的问题

（1）阀门安装包括低压螺纹阀门安装、焊接阀门安装、法兰阀门安装、电动阀门安装、调节阀门安装、塑料阀门安装。

（2）阀门安装定额不考虑壳体压力试验、解体研磨工作内容，如设计有要求，可按实计算。

（3）各种阀门安装不包括阀体磁粉检测和阀杆密封填料更换工作内容。

（4）仪表流量计安装按阀门安装相应定额乘以系数 0.7。

（5）限流孔板、八字盲板安装按阀门安装相应定额乘以系数 0.4。

（6）法兰阀门安装包括一个垫片和一副法兰用螺栓。

（7）焊接阀门安装定额是按碳钢焊接编制的，设计为其他材质，焊材可替换，消耗量不变。

（8）安全阀安装定额未包括安全阀整定压力的调整，如需对安全阀整定压力进行调整，费用另计。

（9）调节阀门安装定额仅包括调节阀门本体安装。

（10）电动阀门安装定额包括电动机安装。检查接线执行第四册《电气设备安装工程》相应定额子目，另行计算。

（11）阀门安装定额不包括壳体压力试验（强度试验与严密性试验）、解体研磨、阀体磁粉探伤、密封做气密性试验、阀杆密封填料的更换等特殊要求的工作，如有发生，另行计算。

四、法兰安装工程量计算

1. 工程量计算规则

管道、管件、阀门上的各种法兰安装，应按设计图纸规定的压力（等级）、材质、规格和种类，分别以"副"为计量单位执行相应定额子目。

2. 使用定额时应注意的问题

（1）焊环活动法兰执行翻边活动法兰安装相应定额子目。

（2）法兰安装定额包括一个垫片和一副法兰用螺栓；螺栓用量按施工图设计用量加损耗量计算。

（3）不锈钢、有色金属的焊环活动法兰安装可执行翻边活动法兰安装相应定额子目，但应将定额中的翻边短管换为焊环，并另行计算焊环的价值。

（4）中、低压法兰安装的垫片是按石棉橡胶板考虑的，如设计有特殊要求，可做调整。

（5）对于用法兰连接的管道安装，管道与法兰分别计算工程量，执行相应定额子目。

（6）全加热夹套法兰安装按相应材质、直径的对焊法兰,定额乘以系数 2.0。

（7）单片法兰安装按法兰安装相应定额乘以系数 0.61,螺栓数量不变,盲法兰只计算主材费,安装费已包括在单片法兰安装中。

（8）法兰安装定额不包括安装系统调试运转中的冷、热态紧固内容,发生时另行计算。

（9）节流装置按法兰安装相应定额乘以系数 0.7。

（10）中压螺纹法兰、平焊法兰安装,按相应低压法兰定额乘以系数 1.2。

（11）高压碳钢螺纹法兰安装包括螺栓涂二硫化钼工作内容。

（12）高压对焊法兰安装定额包括密封面涂机油工作内容,不包括螺栓涂二硫化钼、石墨机油或石墨粉工作内容。硬度检查应按设计要求另行计算。

五、板卷管与管件制件工程量计算

1. 工程量计算规则

（1）板卷管制作按不同材质、规格以"t"为计量单位,主材用量包括规定的损耗量。

　　直管制作板材用量 ＝ 直管主材长度 × 每米质量 ×（1＋直管制作板材损耗率）

（2）板卷管件制作按不同材质、规格以"t"为计量单位,主材用量包括规定的损耗量。

　　管件制作板材用量 ＝ 管件数量 × 每个质量 ×（1＋管件制作板材损耗率）

（3）成品管材制作管件按不同材质、规格、种类,以"个"为计量单位,主材用量包括规定的损耗量。

2. 使用定额中应注意的问题

（1）板卷管制作不包括钢卷板的开卷与平直。

（2）对于各种板卷管制作,焊缝均按透油试漏考虑。板卷管制作不包括单件压力试验和无损探伤。

（3）各种板卷管制作是按在结构（加工）厂制作考虑的,不包括原材料（板材）及成品的水平运输、卷筒钢板展开、分段切割、平直工作内容,发生时应按相应定额另行计算。

（4）各种板材异径管制作不分同心、偏心,执行同一定额子目。

（5）弯头煨制定额中煨弯按 90°考虑,煨 180°时,定额乘以系数 1.5。

（6）管道中频煨弯定额不包括煨制时胎具更换内容。

（7）三通不分同径或异径,均按主管管径计算;异径管不分同心或偏心,按大管径计算。

六、安装辅助项目工程量计算

1. 工程量计算规则

（1）管道压力试验、吹扫、清洗与脱脂按压力、规格,不分材质,以"m"为计量单位。

（2）泄漏试验适用于输送剧毒、有毒及可燃介质的管道,按压力、规格,不分材质,以"m"为计量单位。

(3)套管制作与安装按不同规格,分一般穿墙套管和柔性、刚性套管,以"个"为计量单位,均按穿管管径选用定额子目。所需的钢管和钢板已包括在制作定额内,执行定额时,应按设计及规范要求选用相关定额项目。

(4)管道焊接焊口充氩保护定额适用于氩弧焊接或氩电联焊接项目,按不同的规格和充氩部位,不分材质,以"口"为计量单位;执行定额时,按设计及规范要求选用相应定额子目。

2. 使用定额时应注意的问题

(1)安装附属项目包括临时用空压机和泵作动力源进行试压、吹扫、清洗与脱脂管道连接的管线、盲板、阀门、螺栓等所用的材料摊销量,不包括管道之间的临时串通管、临时排放管线及试压泵或空压机与临时接水(气)点之间临时管线的材料费和安装费。

(2)管道清洗项目适用于传动设备,按系统循环法考虑,包括油冲洗、系统连接和滤油机用橡胶管的摊销;但不包括管内除锈,需要时另行计算。

(3)管道液压试验定额是按普通水考虑编制的,如设计要求使用其他介质,可按实计算。

(4)液压试验和气压试验包括强度试验和严密性试验工作内容。

(5)当将管道与设备作为一个系统进行试验时,如果管道的试验压力小于或等于设备的试验压力,则按管道的试验压力进行试验;如果管道的试验压力超过设备的试验压力,且设备的试验压力不低于管道设计压力的115%,可按设备的试验压力进行试验。

七、无损探伤与焊缝热处理工程量计算

1. 工程量计算规则

(1)管材表面磁粉探伤和超声波探伤不分材质、壁厚,以"m"为计量单位。

(2)焊缝X射线、γ射线探伤按管壁厚,不分规格、材质,以"张"为计量单位。

(3)焊缝超声波、磁粉及渗透探伤按规格,不分材质、壁厚,以"口"为计量单位。

(4)管道焊缝应按照设计要求的检验方法和数量进行无损探伤。当设计无规定时,管道焊缝的射线照相检验比例应符合规范规定。管口射线片子数量按现场实际拍片张数计算。

(5)焊前预热和焊后热处理按不同材质、规格及施工方法,以"口"为计量单位。

2. 使用定额时应注意的问题

(1)无损探伤包括无损检测、预热、后热及热处理。

(2)无损探伤不包括固定射线检测仪器使用的各种支架的制作、超声波检测对比试块的制作。

(3)电加热片加热进行焊前预热或焊后局部热处理,如果要求增加一层石棉布保温,石棉布的消耗量与高硅(氧)布相同,人工不再增加。

(4)计算X射线、γ射线探伤工程量时,按管材的双壁厚执行相应定额子目。

(5)管材对接焊接过程中的渗透探伤检验及管材表面的渗透探伤检验,执行管材对接焊缝

渗透探伤相应定额子目。

（6）热处理的有效时间是根据《工业金属管道工程施工规范》（GB 50235—2010）所规定的加热速率、温度下的恒温时间及冷却速率公式计算的，并考虑了必要的辅助时间、拆除和回收用料等工作内容。

（7）电加热片或电感应法加热进行焊前预热或焊后局部处理的项目，除石棉布和高硅（氧）布为一次性消耗材料外，其他各种材料均按摊销量计入定额。

（8）无损探伤定额已综合考虑了高空作业降效因素。

（9）电加热片是按履带式考虑的，实际与定额不同时可替换。

（10）执行焊前预热和焊后热处理定额时，如设计要求施焊后立即进行热处理，预热及后热定额乘以系数 0.87。

3. 管道焊缝的探伤数量

（1）如设计无具体规定，管道焊缝射线探伤比例可按表 4-5 计取。

表 4-5　管道焊缝射线探伤比例

焊 接 等 级		探伤比例	适 用 范 围
Ⅰ		100%	高于Ⅱ级焊缝质量要求的焊缝
Ⅱ	A	100%	Ⅰ类管道及Ⅱ类管道固定口
	B	15%	Ⅲ类管道及Ⅲ类管道转动口（Ⅲ类管道固定口探伤比例为40%）
Ⅲ	A	10%	Ⅳ类管道固定口
	B	5%	Ⅳ类管道固定口
Ⅳ	A	5%	Ⅳ类铝及铝合金管道焊口（其中固定口探伤比例为15%）
	B	由检查员根据需要提出时才做，不多于1%	Ⅴ类管道焊口

（2）当管道外径大于 630 mm 时，管道对接缝拍片数量可按焊缝延长米计算。

（3）X 射线底片搭接长度应不小于 25 mm。

（4）X 射线拍片张数量是根据 GB/T 12605—2008 标准计算的。

每一管口焊缝 X 射线拍片规格和数量如表 4-6 所示。

表 4-6　每一管口焊缝 X 射线拍片规格和数量

序号	管外径/mm	底片规格/mm	数量/张	序号	管外径/mm	底片规格/mm	数量/张
1	≤89	150	2	7	325	300	5
2	108	150	4	8	377	300	5
3	133	150	4	9	426	300	6
4	159	240	4	10	478	300	6
5	219	300	4	11	529	300	7
6	273	300	4	12	630	300	8

4. 管道无损探伤检验和焊口热处理方法

管道无损探伤检验和焊口热处理方法及其适用范围和说明如表 4-7 所示。

表 4-7　管道无损探伤检验和焊口热处理方法及其适用范围和说明

项　目	方　法	适用范围和说明
外观检验	查看	焊缝外观检验应在无损探伤、强度试验和严密性试验之前进行,包括对各种管道组成件、管道支承件的检验以及在管道施工过程中的检验。对高压管道的焊缝必须进行外观检验。对钛及钛合金管道焊缝表面应进行外观检查和焊后清理前色泽检查
无损探伤检验	液体渗透检验	用于焊缝表面无损试验。对用于输送中低压非腐蚀性液体的管道可进行液体渗透检验
	磁粉检验	利用磁粉对管材表面或焊缝表面进行检验。对有缝金属管道的焊缝需进行磁粉、射线或超声波检验
	射线照相检验	可用 X 射线、γ 射线对焊缝内部进行检验。对高压管道的焊缝必须进行 X 射线或超声波探伤检验。对用于输送剧毒流体或高温流体、高压流体、低温流体的管道需进行射线照相试验
	超声波检验	利用超声波对管材表面或焊缝内部进行检验
热处理	焊前预热	焊前预热可以降低钢材的淬热硬度,延缓焊缝的冷却速度,以利氢的逸出和改善应力状态,从而降低接头的延迟裂纹倾向
	焊后热处理	利用金属高温下强度的降低而把弹性应变转变成塑性应变以达到消除残余应力的目的。对有应力腐蚀的焊缝应进行焊后处理

八、管架工程量计算

1. 工程量计算规则

一般管架制作安装以"t"为计量单位,一般管架制作安装定额适用于单件重量在 100 kg 以内的管架制作安装;单件重量大于 100 kg 的管架制作安装应执行第三册《静置设备与工艺金属结构制作安装工程》相应定额。

2. 使用定额时应注意的问题

(1) 一般管架制作安装定额按单件重量列项,并包括所需螺栓、螺母的消耗量。

(2) 除木垫式管架、弹簧式管架外,其他类型管架的制作安装均执行一般管架制作安装定额。

(3) 木垫式管架制作安装定额不包括木垫重量,但木垫式管架的安装工料包括在木垫式管架制作安装定额内。

(4) 弹簧式管架制作,不包括弹簧本身的价格,弹簧本身的价格应另行计算。

(5) 有色金属管、非金属管的管架制作安装,采用有色金属及非金属材料制作管架,按一般管架制作安装定额乘以系数 1.1。

(6) 采用成型钢管焊接的异形管架制作安装,按一般管架制作安装定额乘以系数 1.3;一般管架是按碳钢材质考虑的,如材质不同,焊材可替换,消耗量不变。

学习情境 5

通风空调工程工程量计算

■ **知识目标**

1. 熟悉通风工程定额手册。
2. 能识记通风空调系统组成。
3. 能叙述通风空调工程工程量计算方法。

■ **技能目标**

1. 能识记定额中各项费用的规定、使用定额时的注意事项。
2. 能正确识读通风空调系统施工图。
3. 能准确进行通风空调工程工程量计算。

任务 **1** 定额概述（第七册）

一、通风空调工程预算定额的适用范围

通风空调工程预算定额包括通风空调设备及部件制作安装，通风管道制作安装，通风管道部件制作安装工程，适用于工业与民用建筑的新建、扩建项目中的通风、空调工程。

二、通风空调工程预算定额依据的主要标准、规范

（1）《民用建筑供暖通风与空气调节设计规范》（GB 50736—2012）。

（2）《通风与空调工程施工质量验收规范》（GB 50243—2002）。

（3）《通风与空调工程施工规范》（GB 50738—2011）。

（4）《洁净室施工及验收规范》（GB 50591—2010）。

（5）《通风管道技术规程》（JGJ 141—2004）。

（6）《金属、非金属风管支吊架》（08K132）。

（7）《暖通空调设计选用手册》（1996 年中国建筑标准设计研究所出版）。

（8）《风机盘管安装（含 2003 年局部修改版）》（01(03)K403）。

（9）《风阀选用与安装》（07K120）。

（10）《防空地下室通风设备安装》（07FK02）。

（11）《薄钢板法兰风管制作与安装》（07K133）。

三、通风空调工程预算定额不包括的工作内容

（1）其他工业用风机（如热力设备用风机）及除尘设备安装应执行第一册《机械设备安装工程》和第二册《热力设备安装工程》相关定额项目。

（2）空调系统中管道执行第十册《给排水、采暖、燃气工程》相关定额项目，制冷机房、锅炉房管道执行第八册《工业管道安装工程》相关定额项目。

（3）管道及支架的除锈、油漆，管道的防腐蚀、绝热等内容，执行第十二册《刷油、防腐蚀、绝热工程》中相关定额项目。

① 薄钢板风管刷油按其工程量执行相应定额子目，仅外（或内）面刷油者乘以系数 1.2，内外均刷油者乘以系数 1.1（其法兰加固框、吊托支架已包括在此系数内）。

② 薄钢板部件刷油按其工程量执行金属结构刷油定额子目，乘以系数 1.15。

③ 薄钢板风管、部件、支架以及单独列项的支架，其除锈不分锈蚀程度，均按其第一遍刷油

的工程量,执行第十二册《刷油、防腐蚀、绝热工程》中除轻锈的定额子目。

(4) 安装在支架上的木衬垫,主材按实换算,人工、机械不变。

四、关于费用调整系数的规定

1. 系统调整费

系统调整费:按通风与空调风管系统工程人工的 7% 计取,其中人工占 35%;包括漏风量测试费用和漏光法测试费用。

2. 脚手架搭拆费

脚手架搭拆费:按定额人工的 4% 计取,其中人工占 35%,其余为材料。

3. 工程超高费

工程超高费(即操作高度增加费):按操作物高度离楼地面 6 m 考虑,超过 6 m 时,超过部分工程量按定额人工乘以系数 1.2。工程超高费全部为人工费。

4. 高层建筑增加费

高层建筑增加费(高层建筑是指高度在 6 层或 20 m 以上的工业和民用建筑,不包括地下室)按表 5-1 计算。

表 5-1　第七册高层建筑增加费的调整系数

建筑物檐高/m	≤40	≤60	≤80	≤100	≤120	≤140	≤160	≤180	≤200
建筑层数/层	≤12	≤18	≤24	≤30	≤36	≤42	≤48	≤54	≤60
按人工量的	2%	5%	9%	14%	20%	26%	32%	38%	44%

以上计算出的高层建筑增加费中,其中的 65% 为人工降效,其余为机械降效。

五、制作费与安装费的比例

定额中人工、材料、机械凡未按制作和安装分别列出的,其制作与安装的人工、材料、机械比例如表 5-2 所示。

表 5-2　第七册制作费与安装费的比例

序号	项　　　目	制作占百分比/(%)			安装占百分比/(%)		
		人　工	材　料	机　械	人　工	材　料	机　械
1	空调部件及设备支架制作安装	86	98	95	14	2	5
2	镀锌薄钢板法兰通风管道制作安装	60	95	95	40	5	5
3	镀锌薄钢板共板法兰通风管道制作安装	40	95	95	60	5	5

续表

序号	项目	制作占百分比/(%)			安装占百分比/(%)		
		人工	材料	机械	人工	材料	机械
4	薄钢板法兰通风管道制作安装	60	95	95	40	5	5
5	净化通风管道及部件制作安装	40	85	95	60	15	5
6	不锈钢板通风管道及部件制作安装	72	95	95	28	5	5
7	铝板通风管道及部件制作安装	68	95	95	32	5	5
8	塑料通风管道及部件制作安装	85	95	95	15	5	5
9	复合型风管制作安装	60	—	99	40	100	1
10	风帽制作安装	75	80	99	25	20	1
11	罩类制作安装	78	98	95	22	2	5

六、主要损耗率

1. 风管、部件板材损耗率

第七册风管、部件板材损耗率如表5-3所示。

表5-3　第七册风管、部件板材损耗率

序号	项目	损耗率/(%)	附注	序号	项目	损耗率/(%)	附注
钢板部分				塑料部分			
1	咬口通风管道	13.8	综合厚度	24	塑料圆形风管	16	综合厚度
2	焊接通风管道	8	综合厚度	25	塑料矩形风管	16	综合厚度
3	共板法兰通风管道	18	综合厚度	26	槽边侧吸罩、风罩调节阀	22	综合厚度
4	圆伞形风帽	28	综合厚度	27	整体槽边侧吸罩	22	综合厚度
5	锥形风帽	26	综合厚度	28	条缝槽边抽风罩(各型)	22	综合厚度
6	筒形风帽	14	综合厚度	29	塑料风帽(各种类型)	22	综合厚度
7	筒形风帽滴水盘	35	综合厚度	30	柔性接口及伸缩节	16	综合厚度
8	风帽筝绳	4	综合厚度	净化部分			
9	升降式排气罩	18	综合厚度	31	净化风管	14.9	综合厚度
10	上吸式侧吸罩	21	综合厚度	不锈钢板部分			
11	下吸式侧吸罩	22	综合厚度	32	不锈钢板焊接通风管道	10	综合厚度
12	上、下吸式圆形回转罩	22	综合厚度	33	不锈钢板圆形法兰	5	$\delta=4\sim10$ mm

序号	项 目	损耗率/(%)	附注	序号	项 目	损耗率/(%)	附 注
钢板部分				塑料部分			
13	手锻炉排气罩	10	综合厚度	铝板部分			
14	升降式回转排气罩	18	综合厚度	34	铝板焊接通风管道	8	综合厚度
15	整体、分组、吹吸侧边侧吸罩	10.15	综合厚度	35	铝板圆形法兰	5	$\delta=4\sim12$ mm
16	各型风罩调节阀	10.15	综合厚度	玻璃钢部分			
17	皮带防护罩	18	$\delta=1.5$ mm	36	玻璃钢通风管道	3.2	综合厚度
18	皮带防护罩	9.35	$\delta=4.0$ mm	复合型部分			
19	电动机防雨罩	33	$\delta=1\sim1.5$ mm	37	复合型风管	16	综合厚度
20	电动机防雨罩	10.6	$\delta=4$ mm 以外				
21	中、小型零件焊接工作台排气罩	21	综合厚度				
22	泥心烘炉排气罩	12.5	综合厚度				
23	设备支架	4	综合厚度				

2.型钢及其他材料损耗率

第七册型钢及其他材料损耗率如表5-4所示。

表5-4　第七册型钢及其他材料损耗率

序号	项 目	损耗率/(%)	序号	项 目	损耗率/(%)	序号	项 目	损耗率/(%)
1	型钢	4	15	乙炔气	10	29	混凝土	5
2	安装用螺栓（M12以下）	4	16	管材	4	30	塑料焊条	6
3	安装用螺栓（M12以上）	2	17	镀锌铁丝网	20	31	塑料焊条（编网格用）	25
4	螺母	6	18	帆布	15	32	不锈钢型材	4
5	垫圈（$\phi12$以下）	6	19	玻璃板	20	33	不锈钢带母螺栓	4
6	自攻螺钉、木螺钉	4	20	玻璃棉、毛毡	5	34	不锈钢铆钉	10
7	铆钉	10	21	泡沫塑料	5	35	不锈钢电焊条、焊丝	5
8	开口销	6	22	方木	5	36	铝焊粉	20
9	橡胶板	15	23	玻璃丝布	15	37	铝型材	4
10	石棉橡胶板	15	24	矿棉、卡普隆纤维	5	38	铝带母螺栓	4
11	石棉板	15	25	泡钉、鞋钉、圆钉	10	39	铝铆钉	10
12	电焊条	5	26	胶液	5	40	铝焊条、焊丝	3
13	气焊条	2.5	27	油毡	10			
14	氧气	10	28	铁丝	1.0			

任务 **2** 通风安装工程工程量计算

一、通风工程系统组成

1. 送风(J 风)系统组成

送风(J 风)系统组成如图 5-1 所示。

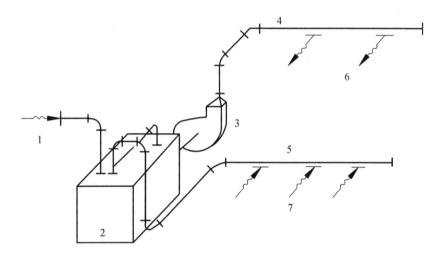

图 5-1　送风(J 风)系统组成

1—新风口;2—空气处理室;3—通风机;4—送风管;5—回风管;6—送(出)风口;7—吸(回、排)风口

(1) 新风口:新鲜空气入口。

(2) 空气处理室:由空气过滤、加热、加湿等部分组成。

(3) 通风机:将处理好的空气送入风管的设备。

(4) 送风管:将通风机送来的新风送到各房间。送风管上装有调节阀、送风口、防火阀、检查孔等部件。

(5) 回风管:也称排风管,将浊气吸入管道内送回空气处理室。回风管上安装有回风口、防火阀等部件。

(6) 送(出)风口:装于送风管上,将处理后的空气均匀送入各房间。

(7) 吸(回、排)风口:将房间内的浊气吸入回风管,送回空气处理室。

(8) 管道配件(管件):弯头、三通、四通、异径管、导流片、静压箱等。

(9) 管道部件:各种风口、阀、排气罩、风帽、检查孔、测定孔和风管支、吊托架等。

2. 排风(P 风)系统组成

排风(P 风)系统组成如图 5-2 所示。

(1) 排风口:将各房间内污浊空气吸入排(回)风管道的入口。

(2) 排风管:也称回风管,指输送污浊空气的管道,管上装有回风口、防火阀等部件。

(3) 排风机:将浊气通过机械从排风管排出。

(4) 风帽:将浊气排入大气中,并防止空气、雨雪倒灌。

(5) 除尘器:可利用排风机的吸力将灰尘及有害物质吸入除尘器中,再集中排。

(6) 其他管件和部件:同送风系统。

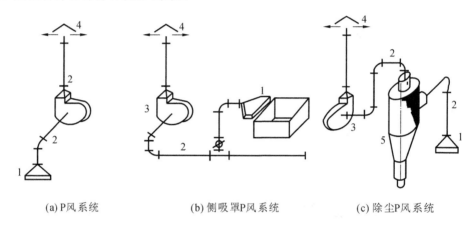

(a) P 风系统　　　　　(b) 侧吸罩P 风系统　　　　　(c) 除尘P 风系统

图 5-2　排风(P 风)系统组成
1—排风口(侧吸罩);2—排风管;3—排风机;4—风帽;5—除尘器

二、通风管道制作安装工程量计算

1. 通风管道工程量计算

1) 风管工程量计算

薄钢板风管、净化风管、不锈钢风管、铝板风管、塑料风管、玻璃钢风管、复合型风管按设计图示规格以展开面积计算,以"m²"为计量单位,不扣除检查孔、测定孔、送风口、吸风口所占面积。风管展开面积不计算风管、管口重叠部分面积。

(1) 计算风管长度时以设计图示中心线长度(主管与支管以其中心线交接点划分),包括弯头、分叉或分隔三通、分叉或分隔四通、变径管、天圆地方等管件的长度,但不包括部件所占的长度,其余形式的三通、四通只计算其突出支风管的净长度,不得以中心线长度计算。

常用风管部件长度按表 5-5 取用。

表 5-5　常用风管部件长度

项目	蝶阀	止回阀	密闭式对开多叶调节阀	圆形风管防火阀	矩形风管防火阀
L/mm	150	300	210	一般为 300~380	一般为 300~380

（2）展开面积计算：不扣除检查孔、测定孔、送风口、吸风口等所占面积，咬口重叠部分也不增加。

圆形风管展开面积计算公式为

$$F = \pi \times D \times L = 3.14DL$$

矩形风管展开面积计算公式为

$$F = SL = 2(A + B)L$$

上两式中：F——风管展开面积（m²）；

D——圆形风管直径（m）；

S——矩形风管周长（m）；

A、B——矩形风管两边尺寸（长、高，m）；

L——风管长度（m）。

风管展开面积计算示意图如图5-3～图5-7所示。

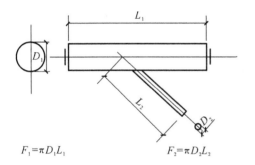

$F_1 = \pi D_1 L_1$ $F_2 = \pi D_2 L_2$

图 5-3　风管展开面积计算示意图（一）

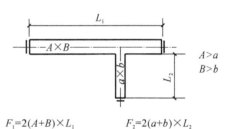

$F_1 = 2(A+B) \times L_1$ $F_2 = 2(a+b) \times L_2$

图 5-4　风管展开面积计算示意图（二）

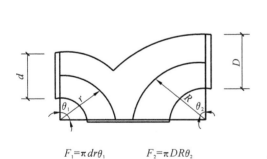

$F_1 = \pi dr\theta_1$ $F_2 = \pi DR\theta_2$

图 5-5　风管展开面积计算示意图（三）

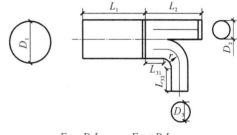

$F_1 = \pi D_1 L_1$ $F_2 = \pi D_2 L_2$

$F_3 = \pi D_3 (L_{31} + L_{32} + r\theta)$

图 5-6　风管展开面积计算示意图（四）

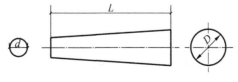

$F = \pi \times [(D+d)/2] \times L$

图 5-7　风管展开面积计算示意图（五）

（3）柔性软风管安装按设计图示中心线长度计算，以"m"为计量单位；柔性软风管阀门安装按设计图示数量计算,以"个"为计量单位。柔性软风管安装如图 5-8 所示。

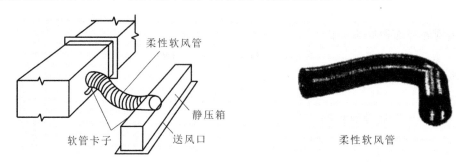

图 5-8　柔性软风管安装

2) 风管弯头导流叶片制作安装工程量计算

风管弯头导流叶片制作安装按设计图示叶片的面积计算,以"m²"为计量单位。

(1) 导流叶片在弯管内的配置应符合设计规范,当设计无规定时,可按 GB 50243—2016 矩形弯管内导流片的配置表执行。

表 5-6 所示为矩形弯管内每单片导流叶片的面积。

表 5-6　矩形弯管内每单片导流叶片的面积

规格 B/mm	200	250	320	400	500	630	800	1 000	1 250	1 600	2 000
面积/m²	0.075	0.091	0.114	0.14	0.17	0.216	0.273	0.425	0.502	0.623	0.755

注:B 为风管的高度。

(2) 导流叶片的材质及材料厚度应与风管一致。

(3) 导流叶片面积的计算。

导流叶片面积计算如下。

单叶片面积:

$$F_{单} = 0.017\,453R\theta$$

式中:$F_{单}$——单叶片面积;

R——叶片半径;

θ——叶片中心角。

双叶片面积:

$$F_{双} = 0.017\,453(R_1\theta_1 + R_2\theta_2) + 折边$$

式中:$F_{双}$——双叶片面积;

R_1、R_2——叶片半径;

θ_1、θ_2——叶片中心角。

(4) 软管(帆布)接口制作安装。

软管(帆布)接口制作安装按设计图示尺寸,以展开面积计算,以"m²"为计量单位。

(5) 风管检查孔制作安装。

风管检查孔制作安装按设计图示尺寸计算质量,以"kg"为计量单位。

(6) 风管测定孔制作安装。

温度、风量测定孔制作安装根据型号,按设计图示数量计算,以"个"为计量单位。

2. 风管管件现场制作展开面积计算方法

圆形风管、矩形风管在风管系统中的形状和组合情况分别如图 5-9、图 5-10 所示。

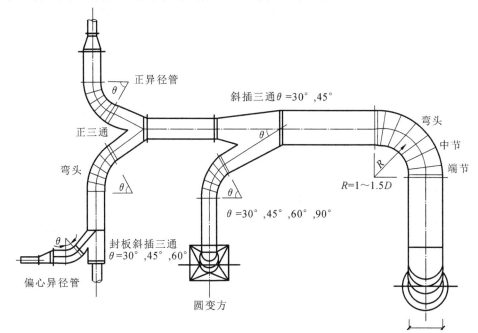

图 5-9　圆形风管在风管系统中的形状和组合情况

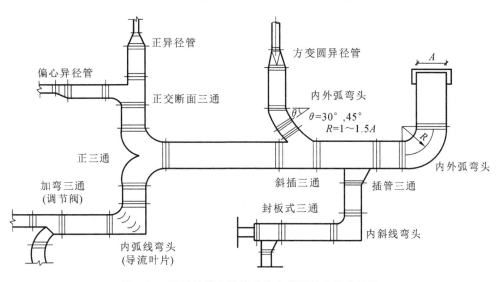

图 5-10　矩形风管在风管系统中的形状和组合情况

1）圆形直风管、矩形直风管

圆形直风管、矩形直风管如图 5-11 所示。

圆形直风管展开面积计算公式为

$$F = \pi \times D \times H$$

矩形直风管展开面积计算公式为

$$F = 2(A + B)H$$

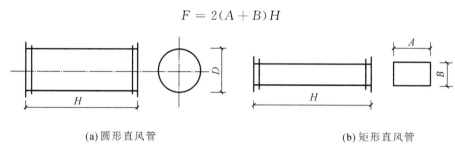

(a) 圆形直风管   (b) 矩形直风管

图 5-11 圆形直风管、矩形直风管

2）圆形异径管、矩形异径管

圆形异径管、矩形异径管如图 5-12 所示。

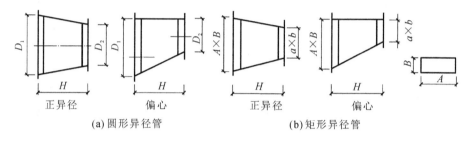

正异径   偏心   正异径   偏心

(a) 圆形异径管   (b) 矩形异径管

图 5-12 圆形异径管、矩形异径管

展开面积计算公式如下。

圆形异径管展开面积计算公式为

$$F_{圆} = \left[(D_1 + D_1)/2\right]\pi h$$

矩形异径管展开面积计算公式为

$$F_{矩} = (A + B + a + b)H$$

3）圆形管弯头和矩形管弯头

圆形管弯头如图 5-13 所示。

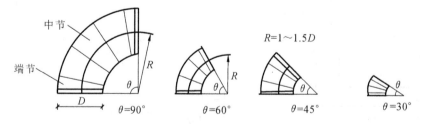

中节   端节

$R=1\sim1.5D$

$\theta=90°$ $\theta=60°$ $\theta=45°$ $\theta=30°$

图 5-13 圆形管弯头

（1）圆形管弯头展开面积计算公式为

$$F_{圆} = R\pi^2\theta D/180°$$

当 $R=1.5D$，$\theta=90°$ 时，计算公式为

$$F_{圆} = 7.402\ 1D^2$$

（2）矩形管弯头展开面积计算公式为

$$F_{矩} = R\pi\theta \cdot 2(A + B)/180°$$

式中: F—展开面积;

$\quad\theta$—弯头角度;

$\quad R$—弯头半径;

$\quad A$、B—弯管断面尺寸。

当 $L=2(A+B)$, $R=1.5A$ 时,计算公式为

$$F_{矩} = 0.017\,453R\theta L$$

4) 圆形管三通

圆形管三通又称裤衩管。图 5-14 所示为四种典型的圆形管三通。

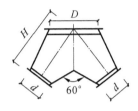 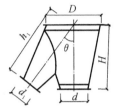 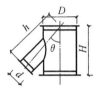

(a) 变径正三通　　　　　(b) 变径斜插三通　　　　(c) 斜插三通　　　(d) 正插三通
$\qquad\qquad\qquad\quad$ (θ=30°,45°,60°; $H\geqslant5D$)　(θ=30°,45°,60°; $H\geqslant5D$)

图 5-14　四种典型的圆形管三通

(1) 变径正三通展开面积计算公式为

$$F = \pi(D+d)H$$

(2) 变径斜插三通展开面积计算公式为

$$F = \left(\frac{D+d}{2}\right)\pi H + \left(\frac{D+d_1}{2}\right)\pi h_1$$

或

$$F = 1.507\,8[(D+d)H+(D+d_1)h_1]$$

(3) 斜插三通展开面积计算公式为

$$F = \pi DH + \pi dh = \pi(DH+dh)$$

(4) 正插三通展开面积计算公式为

$$F = \pi DH + \pi dh = \pi(DH+dh)$$

(5) 圆管加弯三通如图 5-15 所示。

加弯三通分段计算面积,然后相加既得圆管加弯三通展开面积。

加弯三通直管部分展开面积计算公式为

$$F = \pi DH$$

$$F_1 = \pi d_1 h_1$$

弯管部分展开公式为

$$F_2 = \pi d_2(h_2+h_3) + \frac{R\pi^2\theta d_2}{180°}$$

或

$$F_2 = \pi d_2(h_2+h_3+0.017\,453R\theta)$$

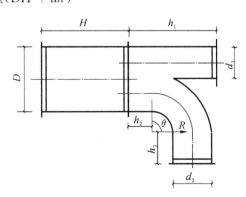

图 5-15　圆管加弯三通

合计展开面积：

$$F' = F + F_1 + F_2$$

5) 矩形管三通

矩形管三通如图 5-16 所示。

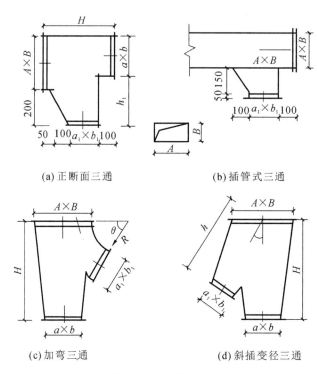

(a) 正断面三通 (b) 插管式三通

(c) 加弯三通 (d) 斜插变径三通

图 5-16 矩形管三通

(1) 正断面三通展开面积计算公式为

$$F = [2(A+B)+2(a+b)]/2 \times H + [2(H-100+B)+2(a_1+b_1)]/2 \times h_1$$
$$= (A+b+a+b) \times H + (H-100+b+a_1+b_1)/h_1$$

(2) 插管三通展开面积计算公式为

$$F = [2(a+b)+2(a+100+b)] \times 2 \times 200 = 400(a+b+50)$$

(3) 加弯三通展开面积计算公式为

$$F = (A+B+a+b)H + \frac{2}{5}\pi R(a_1+b_1) = 0.5(L+l)H + 0.628\ 32l_1R$$

式中 L,l,l_1 为管断面周长，计算公式为

$$L = 2(A+B), \quad l = 2(a+b), \quad l_1 = 2(a_1+b_1)$$

(4) 斜插变径三通展开面积计算公式为

$$F = (A+B+a+b) \times H + (A+B+a_1+b_1)h$$

设管断面周长为 $L=2(A+B), l=2(a+b), l_1=2(a_1+b_1)$ 时，上式可写成

$$F = 0.5(L+l)H + 0.5(H+l_1)h$$

6) 天圆地方管

天圆地方管如图 5-17 所示。对于天圆地方管，有 $H \geqslant 5D$。

天圆地方管展开面积计算公式为

$$F = \left(\frac{1}{2}\pi d + A + B\right)H$$

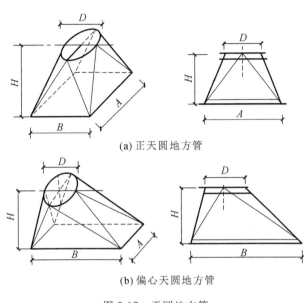

(a) 正天圆地方管

(b) 偏心天圆地方管

图 5-17 天圆地方管

3. 使用定额时应注意的问题

1）各项费用调整系数的规定

（1）薄钢板风管整个通风系统设计采用渐缩管均匀送风者,圆形风管按平均直径、矩形风管按平均周长参照相应规格定额子目,按其定额人工乘以系数 2.5。

（2）制作空气幕送风管时,按矩形风管平均周长执行相应风管规格定额子目,其定额人工乘以系数 3,其余不变。

2）普通薄钢板风管制作安装定额注意问题

（1）镀锌薄钢板风管定额子目中的板材定额是按镀锌薄钢板编制的,设计要求不采用镀锌薄钢板时,板材可以换算,其他不变。

（2）风管导流叶片不分单叶片和香蕉形双叶片,执行同一定额子目。

（3）薄钢板风管、净化风管、玻璃钢风管、复合型风管制作安装定额,包括弯头、三通、四通、变径管、天圆地方管等管件及法兰、加固框和吊托支架的制作安装,但不包括过跨风管落地支架的制作安装。落地支架制作安装执行本册第一章"设备支架制作安装"定额子目。

（4）薄钢板风管定额中的板材,设计要求厚度不同时可以换算,但人工、机械消耗量不变。

（5）镀锌薄钢板连体法兰风管支架采用成品 C 型钢,如现场制作型钢支架,材料可以换算,消耗量不变,定额人工乘以系数 1.05。

3）净化通风管道制作安装定额注意问题

（1）净化风管、不锈钢风管、铝板风管、塑料风管定额中的板材,设计厚度不同时可以换算,但人工、机械消耗量不变。

（2）净化圆形风管制作安装执行本册第二章相应矩形净化风管制作安装定额。

（3）净化风管涂密封胶按全部口缝外表面涂抹考虑。设计要求口缝不涂抹而只在法兰处涂抹者，每 10 m² 风管应减去密封胶 1.5 kg 和人工 0.37 工日。

（4）净化风管及部件制作安装定额中，型钢未包括镀锌费，如设计要求镀锌，应另计镀锌费。

（5）净化风管定额按空气洁净度 100 000 级编制。

4）其他材质通风管制作安装定额注意问题

（1）不锈钢板焊接风管、铝板焊接风管制作安装定额中包括管件，但不包括法兰和吊托支架；法兰和吊托支架应单独列项计算，执行本册第三章相应定额子目。

（2）不锈钢板咬口连接风管制作安装定额中包括管件、法兰，但不包括吊托支架。

（3）塑料风管、复合型风管制作安装定额中的规格所表示的直径为内径、长边为内边长。

（4）塑料风管制作安装定额中包括管件、法兰、加固框的制作安装，但不包括吊托支架制作安装，吊托支架执行本册第一章"设备支架制作安装"相应定额子目。

（5）塑料风管制作安装定额中的法兰垫料与设计要求使用品种不同时可以换算，但人工消耗量不变。

（6）塑料风管胎具材料摊销费计算方法：制作塑料风管、管件的胎具材料摊销费未包括在定额内，按以下规定另行计算：

① 风管工程量在 30 m² 以上的，每 10 m² 风管的胎具摊销木材为 0.06 m³，按材料价格计算胎具材料摊销费。

② 风管工程量在 30 m² 以下的，每 10 m² 风管的胎具摊销木材为 0.09 m³，按材料价格计算胎具材料摊销费。

（7）玻璃钢风管及管件按计算工程量加损耗计算，按成品件考虑。

（8）复合型风管制作安装子目中包括管件、法兰、加固框、吊托支架的制作安装。

（9）软管接头使用人造革而不使用帆布时可以换算，但人工、机械不变。

（10）定额中的法兰垫料定额子目按橡胶板编制，如与设计要求使用的材料品种不同时可以换算，但人工不变。使用泡沫塑料者，每 1 kg 橡胶板换算成 0.125 kg 泡沫塑料；使用闭孔乳胶海绵者，每 1 kg 橡胶板换算成 0.5 kg 闭孔乳胶海绵。

（11）柔性软风管可由金属、涂塑化纤织物、聚酯、聚乙烯、聚氯乙烯薄膜、铝箔等材料制成。

（12）不锈钢保温烟道安装包含随管道配套供应的支架安装，不包括管件安装。不锈钢保温烟道管件安装执行不锈钢保温烟道定额，每个管件执行每单位米管道安装，定额人工和机械乘以系数 0.8，材料不变。

三、风管部件制作安装工程量计算

风管部件制作安装包括通风管道各种风管阀门安装、柔性软风管阀门安装、风口安装、不锈钢法兰安装、吊托支架制作安装、塑料散流器安装、铝制孔板风口安装、风口木框制作安装、碳钢风帽安装、塑料风帽安装、伸缩节安装、铝板风帽安装、法兰制作安装、玻璃钢风帽安装、罩类制作安装、塑料风罩制作安装、厨房油烟排气罩安装、消声器安装、静压箱制作安装，以及人防排气阀、手动密闭阀门和其他部件的安装。

1. 风管部件——阀类制作安装工程量计算

风管阀门安装,区分类型、直径(圆形)或周长(方形),按设计图示数量计算,以"个"为计量单位。柔性软风管阀门安装按设计图示数量计算,以"个"为计量单位。

风管上旁通阀如图 5-18 所示,风管三通调节阀如图 5-19 所示,风管蝶阀如图 5-20 所示,防火墙处的防火阀和变形缝处的防水阀如图 5-21 所示。

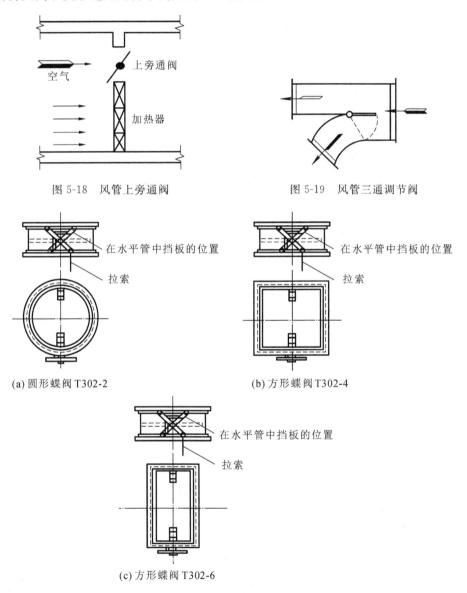

图 5-18　风管上旁通阀　　　　图 5-19　风管三通调节阀

(a) 圆形蝶阀 T302-2　　　　　(b) 方形蝶阀 T302-4

(c) 方形蝶阀 T302-6

图 5-20　风管蝶阀

使用定额时需注意以下问题。

(1) 密闭式对开多叶调节阀与手动式对开多叶调节阀执行同一定额子目。

(2) 蝶阀安装定额适用于圆形保温蝶阀,方形、矩形保温蝶阀,圆形蝶阀,方形、矩形蝶阀;风

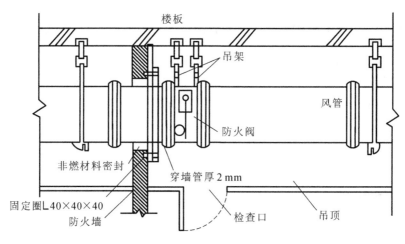

(a) 防火墙处的防火阀

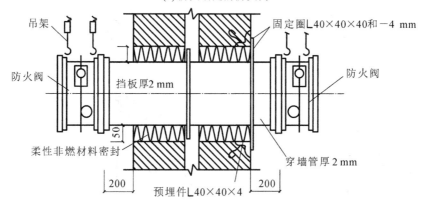

(b) 变形缝处的防火阀

图 5-21　防火墙处的防火阀和变形缝处的防火阀

管止回阀安装定额适用于圆形风管止回阀、方形风管止回阀。

（3）铝合金或其他材料制作的调节阀安装应执行本册第三章相应定额子目。

2. 风管部件——风口制作安装工程量计算

各种风口、散流器的安装根据类型、规格尺寸，按设计图示数量计算，以"个"为计量单位。单、双、三层百叶风口如图 5-22 所示，方形直片散流器如图 5-23 所示。

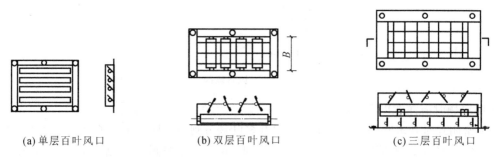

(a) 单层百叶风口　　　(b) 双层百叶风口　　　(c) 三层百叶风口

图 5-22　单、双、三层百叶风口

钢百叶窗及活动金属百叶风口安装根据规格尺寸按设计图示数量计算,以"个"为计量单位。

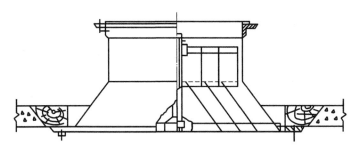

图 5-23　方形直片散流器

塑料通风管道柔性接口及伸缩节制作安装根据连接方式,按设计图示尺寸以展开面积计算,以"m²"为计量单位。

使用定额时需注意以下问题。

(1) 散流器安装定额适用于圆形直片散流器、方形直片散流器、流线型散流器。

(2) 送吸风口安装定额子目适用于单面送吸风口、双面送吸风口。

(3) 铝制孔板风口需电化处理时,电化费另行计算。

(4) 百叶风口安装定额适用于带调节板活动百叶风口、单层百叶风口、双层百叶风口、三层百叶风口、联动百叶风口、135 型单层百叶风口、135 型双层百叶风口、135 型带导流叶片百叶风口、活动金属百叶风口。

3. 风管部件——风帽制作安装工程量计算

筒形、伞形、锥形风帽如图 5-24 所示。

塑料通风管道风帽、罩类的制作均按其质量,以"kg"为计量单位;非标准罩类制作按成品质量,以"kg"为计量单位。罩类成品安装时,制作工程量不再计算。

(a) 筒型风帽

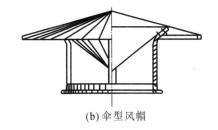

(b) 伞型风帽

(c) 锥型风帽

图 5-24　筒形、伞形、锥形风帽

铝板圆伞形风帽及铝板风管圆、矩形法兰制作按设计图示尺寸以质量计算,以"kg"为计量单位。

碳钢风帽制作安装按其质量,以"kg"为计量单位;非标准风帽制作安装按成品质量,以"kg"为计量单位。风帽成品安装时,制作工程量不再计算。

碳钢风帽筝绳制作安装按设计图示规格长度,以质量计算,以"kg"为计量单位。

碳钢风帽泛水制作安装按设计图示尺寸以展开面积计算,以"m²"为计量单位。

碳钢风帽滴水盘制作安装按设计图示尺寸以质量计算,以"kg"为计量单位。

玻璃钢风帽安装根据成品质量按设计图示数量计算,以"kg"为计量单位。

4. 风管部件——罩类制作安装工程量计算

罩类制作安装按其质量,以"kg"为计量单位;非标准罩类制作安装按成品质量,以"kg"为计量单位。罩类成品安装时,制作工程量不再计算。

其他材质和形式的排气罩制作安装可参照本册第三章中相关类似定额子目。

上吸式圆形回转罩制作安装如图 5-25 所示。

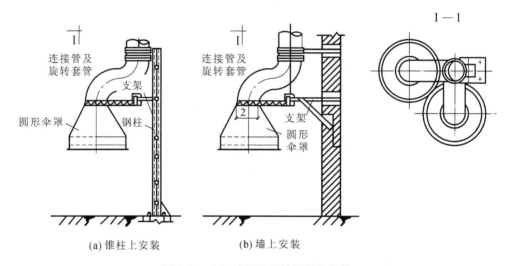

(a) 锥柱上安装　　　　(b) 墙上安装

图 5-25　上吸式圆形回转罩制作安装

5. 风管部件——消声器制作安装工程量计算

微穿孔板消声器、管式消声器、阻抗式消声器成品安装按设计图示数量计算,以"个"为计量单位。

消声弯头安装按设计图示数量计算,以"个"为计量单位。

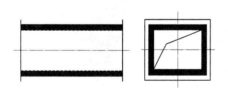

图 5-26　T701-3 型管式消声器

消声静压箱安装根据单个尺寸范围,按设计图示数量计算,以"个"为计量单位。

静压箱制作根据单个尺寸范围,按设计图示尺寸以展开面积计算,以"m²"为计量单位。

T701-3 型管式消声器如图 5-26 所示。

四、通风机安装工程量计算

1. 通风机分类

通风工程中所用通风机分为离心式和轴流式两种。离心式通风机传动安装形式如图 5-27 所示,轴流式通风机传动安装形式如图 5-28 所示。

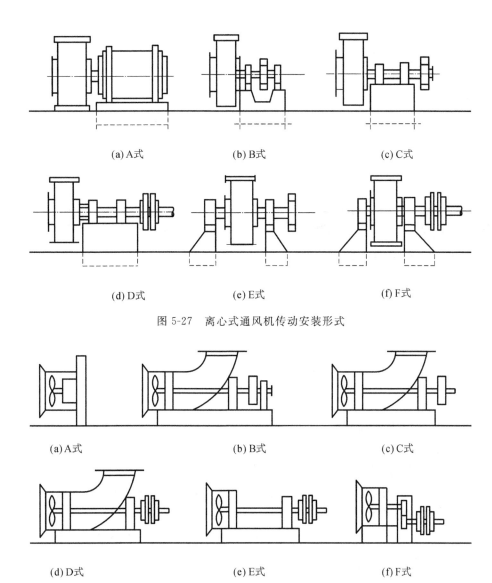

(a) A式　　　　　　　(b) B式　　　　　　　(c) C式

(d) D式　　　　　　　(e) E式　　　　　　　(f) F式

图 5-27　离心式通风机传动安装形式

(a) A式　　　　　　　(b) B式　　　　　　　(c) C式

(d) D式　　　　　　　(e) E式　　　　　　　(f) F式

图 5-28　轴流式通风机传动安装形式

2. 通风机安装工程量计算规则

通风机安装根据不同形式、规格,按设计图示数量计算,以"台"为计量单位。通风机机箱安装按设计图示数量计算,以"台"为计量单位。人防通风机安装按设计图示数量计算,以"台"为计量单位。

五、除尘器安装工程量计算

除尘设备安装按设计图示数量计算,以"台"为计量单位。

六、设备支架制作安装工程量计算

设备支架制作安装区分单个质量（=50 kg，>50 kg），以"100 kg"为计量单位。

除尘过滤器、过滤吸收器安装定额不包括支架制作安装，除尘过滤器、过滤吸收器支架制作安装执行本册第一章"设备支架制作安装"定额子目。

任务 3 空调安装工程工程量计算

一、空调系统的组成

空调系统可以满足室内空气的"四度"要求，即温度、湿度、洁度、流动速度。空调系统由能满足"四度"要求的设备、部件及辅助系统组成。

按空气处理和供给方式的不同，空调系统可分为以下几类。

（1）局部式供风空调系统。

（2）集中式空调系统。

① 单体集中式空调系统。

制冷量要求不很大时，可由空调机组配上风管（送、回）、风口（送、回）、各种风阀和控制设备等组成单体集中式空调系统。

集中式空调系统示意图如图 5-29 所示；恒温恒湿集中式空调系统示意图如图 5-30 所示，恒温恒湿机组外部接线图如图 5-31 所示。

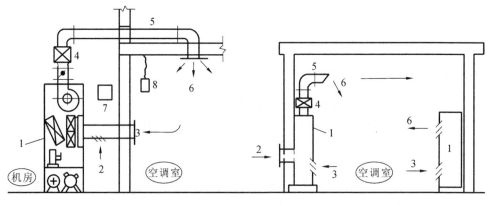

(a) 单体集中式空调　　　　　　(b) 局部空调(柜式)

图 5-29　集中式空调系统示意图

1—空调机组(柜式)；2—新风口；3—回风口；4—电加热器；5—送风管；6—送风口；7—电控箱；8—电接点温度计

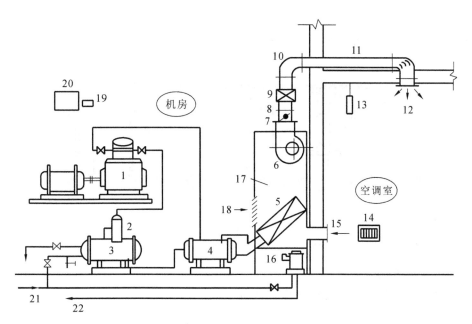

图 5-30　恒温恒湿集中式空调系统示意图

1—压缩机;2—油水分离器;3—冷凝器;4—热交换器;5—蒸发器;6—风机;7—送风调节阀;8—帆布接头;
9—电加热器;10—导流叶片;11—送风管;12—送风口;13—电接点温度计;14—排风口;15—回风口;16—电加湿器;
17—空气处理室;18—新风口;19—电子仪控制器;20—电控箱;21—给水管;22—回水管

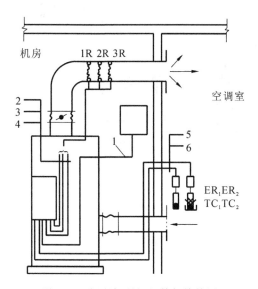

图 5-31　恒温恒湿机组外部接线图

1—电控箱接线;2,3,4—电加热器接线;5,6—晶体管继电器接线

② 配套集中式制冷设备空调系统。

当制冷量要求大时,相应设备个体较大,不能同时固定在一个底盘上,装在一个箱壳里,组成配套集中式制冷设备空调系统。

③ 分段组装式空调系统。

将空调设备装在分段箱体内,做成各种功能的区段,如进风段、混合段、加热段、过滤段、冷却段、回风段、加湿段、挡水板段、检修与安装用的中间段等,即形式分段组装式空调系统。W 形分段组装式空调系统示意图如图 5-32 所示。

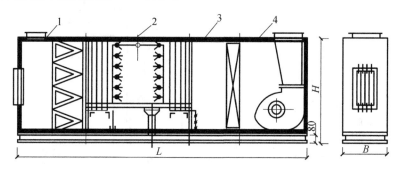

图 5-32　W 形分段组装式空调系统示意图
1—混合及除尘段;2—淋水喷雾段;3—加热段;4—风机段

④ 冷水机组风机盘管系统。

冷水机组风机盘管系统示意图如图 5-33 所示。

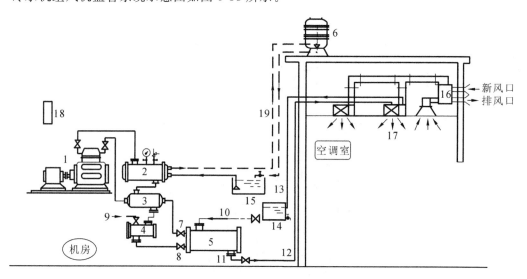

图 5-33　冷水机组风机盘管系统示意图
1—压缩机;2—冷凝器;3—热交换器;4—干燥过滤器;5—蒸发器;6—冷却塔;
7,8—电磁阀及热力膨胀阀;9—R22 入口;10—冷水进口;11—冷水出口;12—冷送水管;13—冷回水管;
14—冷水箱;15—冷水池;16—空气处理机;17—盘管机及送风口;18—电控箱;19—循环水管

(3) 诱导式空调系统。

诱导式空调系统对空气做集中处理和用诱导器做局部处理后混合供风。

二、空调设备安装工程量计算

空调设备安装工程量计算规则如下。

(1) 空气加热器(冷却器)安装按设计图示数量计算,以"台"为计量单位。

（2）除尘设备安装按设计图示数量计算，以"台"为计量单位。

（3）整体式空调机组、空调器安装按设计图示数量计算，以"台"为计量单位。

（4）分体式空调器（一拖一分体空调机）安装以室内机和室外机组合成套，按设计图示成套数量计算，以"套"为计量单位。

（5）组合式空调器安装根据设计风量，按设计图示数量计算，以"台"为计量单位。

（6）多联体空调室外机安装根据制冷量，按设计图示数量计算，以"台"为计量单位。

（7）风机盘管安装按设计图示数量计算，以"台"为计量单位。

（8）空气幕安装按设计图示数量计算，以"台"为计量单位。

（9）VAV变风量末端装置安装按设计图示数量计算，以"台"为计量单位。

（10）分段组装式空调器安装按设计图示质量计算，以"kg"为计量单位。

（11）高、中、低效过滤器安装，净化工作台安装，风淋室安装按设计图示数量计算，以"台"为计量单位。

（12）过滤器框架制作按设计图示尺寸，以质量计算，以"kg"为计量单位。

（13）设备支架制作安装按设计图示尺寸，以质量计算，以"kg"为计量单位。

学习情境 6

消防工程工程量计算

■ **知识目标**

1. 熟悉消防及安全防范设备工程定额手册。
2. 识记水灭火系统组成。
3. 能叙述水灭火工程工程量计算方法。
4. 识记火灾自动报警系统组成。
5. 能叙述火灾自动报警系统安装工程工程量计算方法。

■ **技能目标**

1. 能识记定额中各项费用的规定、使用定额时的注意事项。
2. 能正确识读消防及安全设备安装工程图。
3. 能正确识读火灾自动报警系统工程图。
4. 能准确进行火灾自动报警系统安装工程工程量的计算。
5. 能正确识读水灭火工程图。
6. 能准确进行水灭火系统安装工程工程量的计算。

任务 1 定额概述(第九册)

一、消防工程预算定额的适用范围

消防工程预算定额适用于一般工业与民用建筑项目(规划红线内)中的新建、扩建和改建工程。

二、消防工程预算定额依据的主要标准、规范

(1)《自动喷水灭火系统设计规范(2005 年版)》(GB 50084—2001)。

(2)《自动喷水灭火系统施工及验收规范》(GB 50261—2005)。

(3)《固定消防炮灭火系统设计规范》(GB 50338—2003)。

(4)《固定消防炮灭火系统施工与验收规范》(GB 50498—2009)。

(5)《自动消防炮灭火系统技术规程》(CECS 245—2008)。

(6)《沟槽式连接管道工程技术规程》(CECS 151—2003)。

(7)《火灾自动报警系统设计规范》(GB 50116—2013)。

(8)《火灾自动报警系统施工及验收规范》(GB 50166—2007)。

(9)《气体灭火系统设计规范》(GB 50370—2005)。

(10)《气体灭火系统施工及验收规范》(GB 50263—2007)。

(11)《二氧化碳灭火系统设计规范(2010 年版)》(GB 50193—1993)。

(12)《泡沫灭火系统设计规范》(GB 50151—2010)。

(13)《泡沫灭火系统施工及验收规范》(GB 50281—2006)。

(14)《消防联动控制系统》(GB 16806—2006)。

三、下列内容执行其他分册相应定额的内容

(1)阀门、气压罐安装,消防水箱安装,套管、支架制作安装(注明者除外),执行第十册《给排水、采暖、燃气工程》相关定额项目。

(2)各种消防泵、稳压泵安装执行第一册《机械设备安装工程》相应定额项目。

(3)不锈钢管、铜管管道安装执行第八册《工业管道安装工程》相应定额项目。

(4)电缆敷设、桥架安装、配管配线、接线盒安装、电动机检查接线、防雷接地装置安装等,均执行第四册《电气设备安装工程》相应定额项目。

（5）各种仪表的安装及带电信号的阀门、水流指示器、压力开关、驱动装置及泄漏报开关的接线、校线等，执行第六册《自动化控制仪表安装工程》相应定额项目。

（6）定额中凡涉及管沟、基坑及井类的土方开挖、回填、运输、垫层、基础、砌筑、地沟盖板预制安装、路面开挖及修复、管道混凝土支墩的项目，执行《上海市建筑和装饰工程预算定额》和《上海市市政工程预算定额》相应定额项目。

四、各项费用的规定

1. 脚手架搭拆费

脚手架搭拆费按定额人工的 5% 计算，其中人工占 35%。

2. 工程超高费

工程超高费（即操作高度增加费）：操作物高度离楼地面高度超过 5 m 时，超过部分工程量按定额人工乘以表 6-1 中的系数。工程超高费全部为人工费。

表 6-1　第九册工程超高费的调整系数

操作物高度	≤10 m	≤30 m
系数	1.1	1.2

3. 高层建筑增加费

高层建筑增加费：在高度在 6 层或 20 m 以上的工业与民用建筑物上，安装时增加的费用按表 6-2 计算。

表 6-2　第九册高层建筑增加费的调整系数

建筑物檐高/m	≤40	≤60	≤80	≤100	≤120	≤140	≤160	≤180	≤200
按人工量的	2%	5%	9%	14%	20%	26%	32%	38%	44%

以上计算出的高层建筑增加费中，其中的 65% 为人工降效，其余为机械降效。

五、工程界面划分

（1）消防系统室内外管道：以建筑物外墙皮 1.5 m 为界，入口处设阀门者以阀门为界；室外埋地管线执行第十册《给排水、采暖、燃气工程》中室外给水管道相关定额项目。

（2）厂区范围内的装置、站、罐区的架空消防管道执行本册定额相应子目。

（3）与市政给水管道界限：以与市政给水管道碰头点（井）为界。

任务 2 水灭火系统安装工程工程量计算

一、水灭火系统安装工程预算定额的适用范围

水灭火系统安装工程预算定额适用于一般工业和民用建(构)筑物设置的水灭火系统的管道、各种组件、消火栓、消防水炮等安装。

二、界线划分

(1) 室内外界线:以建筑物外墙皮 1.5 m 为界,入口处设阀门者以阀门为界。
(2) 设置在高层建筑内的消防泵间管道以泵间外墙皮为界。

三、管道安装工程量计算

1. 工程量计算规则

(1) 管道安装按设计图示管道中心线长度,以"m"为计量单位,不扣除阀门、管件及各种组件所占长度。

(2) 管件连接(管件含量表见表 6-3)区分规格,以"个"为计量单位;沟槽管件主材费包括卡箍费及密封圈费,以"套"为计量单位。

表 6-3 管件含量表

名 称	公 称 直 径						
	≤25	≤32	≤40	≤50	≤65	≤80	≤100
	每 10 m	每 10 m	每 10 m	每 10 m	每 10 m	每 10 m	每 10 m
四通	0.02 个	0.60 个	0.27 个	0.35 个	0.37 个	0.48 个	0.23 个
三通	2.29 个	3.24 个	4.02 个	4.13 个	3.04 个	2.95 个	2.12 个
弯通	4.92 个	0.98 个	1.69 个	1.78 个	1.87 个	1.03 个	0.93 个
管箍	—	2.65 个	5.30 个	2.73 个	2.62 个	2.32 个	0.72 个
小计	7.23 个	7.47 个	11.28 个	8.99 个	7.90 个	6.78 个	4.00 个

2. 使用定额时应注意的问题

(1) 钢管(法兰连接)定额中包括管件及法兰安装,但管件、法兰数量应按设计图纸用量另行计算,螺栓按设计用量加 3% 损耗计算。

(2) 若设计或规范要求钢管镀锌,钢管镀锌费用及场外运输另行计算。

(3) 管道安装(沟槽连接)已包括直接卡箍件安装,其他沟槽管件另行执行相关定额项目。

(4) 消火栓管道采用无缝钢管焊接时,定额中包括管件安装,管件根据设计图纸数量另计本身价值。

(5) 消防栓管道采用钢管(沟槽连接)时,执行水喷淋钢管(沟槽连接)相应定额子目。

(6) 沟槽式法兰阀门安装执行沟槽管件安装相应定额,人工乘以系数 1.1。

(7) 对于报警装置安装项目,定额已包括装配管、泄放试验管和水力警铃出水管安装,水力警铃进水管按图示尺寸执行管道安装相应定额;其他报警装置安装定额适用于雨淋、干湿两用及预作用报警装置。

(8) 对于水流指示器(马鞍型连接)定额,计算主材费用时还应包括胶圈、U 型卡的价值。

(9) 喷头、报警装置及水流指示器安装定额均按管网系统试压、冲洗合格后安装考虑,定额中已包括丝堵、临时短管的安装、拆除及摊销。

(10) 温感式水幕装置安装定额中已包括给水三通至喷头、阀门间的管道、管件、阀门、喷头等全部安装内容,但管道的主材数量按设计管道中心长度另加损耗计算;喷头数量按设计数量另加损耗计算。

(11) 减压孔板不论在法兰盘内、活接头内安装,还是在消火栓接口内安装,均执行同一定额子目,法兰主材费另计。

(12) 镀锌钢管安装定额适用于镀锌无缝钢管,镀锌钢管与镀锌无缝钢管的对应关系如表6-4所示。

(13) 设置于管道间、管廊内的管道,其定额人工乘以系数 1.2。

(14) 消防水炮及模拟末端装置定额子目,定额中仅包括本体安装,不包括型钢底座制作安装和混凝土基础砌筑;型钢底座制作安装执行第十册《给排水、采暖及燃气工程》设备支架制作安装相应定额子目;混凝土基础执行《上海市建筑和装饰工程预算定额》相关定额。

表 6-4 镀锌钢管与镀锌无缝钢管的对应关系

公称直径/mm	15	20	25	32	40	50	65	80	100	150	200
镀锌无缝钢管外径/mm	20	25	32	38	45	57	76	89	108	159	219

四、系统组件安装工程量计算

1. 报警装置

报警装置是成套产品,按系统类型和功能的不同定额划分为湿式报警装置和温感式水幕装置两项。报警装置安装按公称直径划分定额子目。

　　湿式报警装置目前型号为 ZSS 型。该成套装置包括有湿式阀、蝶阀、供水压力表、装置压力表、试验阀、泄放试验阀、泄放试验管、试验管流量计、过滤器、延迟器、水力警铃、报警截止阀、漏斗、压力开关等。湿式报警装置的安装范围如图 6-1 所示。

　　其他报警装置有干式报警装置、干湿两用报警装置、电动雨淋报警装置、预作用报警装置等，与湿式报警装置组成类似，这些报警装置也都为成套产品，安装参考湿式报警装置安装项目，按各地区的具体规定执行。河北省规定，除湿式报警装置以外的报警装置安装执行湿式报警装置安装项目，其人工乘以系数 1.2，其余不变。

　　报警装置安装包括相应的装配管（除水力警铃进水管）的安装，水力警铃进水管应计入消防管道的工程量。

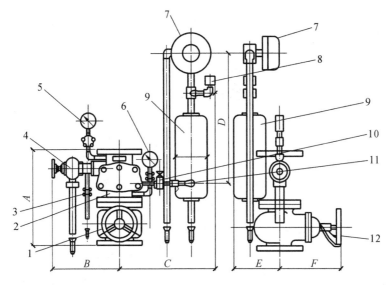

图 6-1　湿式报警装置的安装范围

1—控制阀；2—报警阀；3—试警铃阀；4—放水阀；5,6—压力表；7—水力警铃；8—压力开关；9—延时器；

10—警铃管阀门；11—滤网；12—软锁

　　1）工程量计算规则

　　报警装置按设计图示数量、形式、规格，按成套产品以"组""套"为计量单位。报警装置成套产品包括的内容如表 6-5 所示。

　　报警装置、室内消火栓、室外消火栓、消防水泵接合器均按设计图示数量计算。报警装置、室内外消火栓、消防水泵接合器区别形式、规格，按成套产品以"组""套"为计量单位。

　　2）使用定额时应注意的问题

　　（1）报警装置安装定额已包括装配管、泄放试验管和水力警铃出水管安装，水力警铃进水管按图示尺寸执行管道安装相应定额；其他报警装置安装定额适用于雨淋、干湿两用及预作用报警装置。

　　（2）定额均按管网系统试压、冲洗合格后安装考虑，定额中包括临时短管的安装、拆除和报警阀渗漏试验、调试。

　　（3）定额中未包括压力开关接线，接线可套用第六分册《自动化控制装置及仪表安装工程》相应定额。

表 6-5　报警装置成套产品包括的内容

序号	项目名称	包括的内容
1	湿式报警装置	湿式阀、供水压力表、装置压力表、试验阀、泄放试验阀、试验管流量计、过滤器、延时器、水力警铃、报警截止阀、漏斗、压力开关
2	干湿两用报警装置	两用阀、装置截止阀、加速器、加速器压力表、供水压力表、试验阀、泄放阀、泄放试验阀(湿式)、泄放试验阀(干式)、挠性接头、试验管流量计、排气阀、截止阀、漏斗、过滤器、延时器、水力警铃、压力开关
3	电动雨淋报警装置	雨淋阀、压力表、泄放试验阀、流量表、截止阀、注水阀、止回阀、电磁阀、排水阀、应急手动球阀、报警试验阀、漏斗、压力开关、过滤器、水力警铃
4	预作用报警装置	干式报警阀、压力表(2 块)、流量表、截止阀、排放阀、注水阀、止回阀、泄放阀、报警试验阀、液压切断阀、气压开关(2 个)、试压电磁阀、应急手动试压器、漏斗、过滤器、水力警铃
5	室内消火栓	消火栓箱、消火栓、水枪、水龙带、水龙带接扣、挂架
6	室外消火栓	地下式消火栓、法兰接管、弯管底座或消火栓三通
7	室内消火栓(带自动卷盘)	消火栓箱、消火栓、水枪、水龙带、水龙带接扣、挂架、消防软管卷盘
8	消防水泵接合器	消防接口本体、止回阀、安全阀、闸(蝶)阀、弯管底座、标牌
9	水炮及模拟末端装置	水炮和模拟末端装置的本体

2. 喷头装置工程量计算

1) 工程量计算规则

(1) 喷头安装分吊顶和无吊顶两种,按设计图示数量计算,根据安装部位、方式、规格,以"个"为计量单位。

(2) 集热板按设计图示数量计算,以"套"为计量单位。

2) 使用定额时应注意的问题

(1) 喷头安装定额均按管网系统试压、冲洗合格后安装考虑,定额中已包括丝堵、临时短管的安装、拆除及摊销。

(2) 集热板安装:主材应包括所配备的成品支架;当高架仓库分层板上方有孔洞、缝隙时,应在喷头上方设置集热板。

3. 水流指示器安装工程量计算

1) 工程量计算规则

水流指示器安装按设计图示数量计算,根据安装部位、方式、规格,以"个"为计量单位。

2）使用定额时应注意的问题

（1）水流指示器安装定额均按管网系统试压、冲洗合格后安装考虑，定额中已包括丝堵、临时短管的安装、拆除及摊销。

（2）对于水流指示器（马鞍型连接）定额，计算主材费用时还应包括胶圈、U 型卡的价值。

（3）定额中已包括法兰安装、螺栓螺母安装、垫片安装，故这些安装不予另计。

（4）定额中未包括水流指示器的接线、校线，水流指示器的接线、校线套用第六分册《自动化控制装置及仪表安装工程》相应定额。

五、其他组件安装工程量计算

1. 减压孔板安装工程量计算

减压孔板安装示意图如图 6-2 所示。

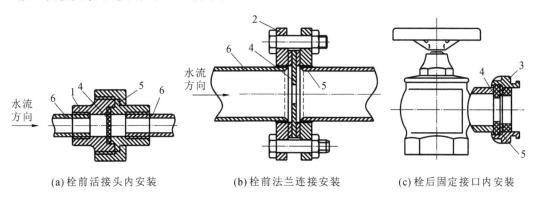

(a) 栓前活接头内安装　　　　(b) 栓前法兰连接安装　　　　(c) 栓后固定接口内安装

图 6-2　减压孔板安装示意图

1—活接头；2—法兰；3—消火栓固定接口；4—减压孔板；5—密封垫；6—消火栓支管

1）工程量计算规则

减压孔板安装按设计图示数量计算，根据安装部位、方式、规格，以"个"为计量单位。

2）使用定额时应注意的问题

（1）定额中已包括法兰片安装、螺栓和螺母安装、垫片安装。

（2）减压孔板不论在法兰盘内、活接头内安装，还是在消火栓接口内安装，均执行同一定额子目，法兰主材费另计。

2. 末端试水装置安装工程量计算

末端试水装置安装包括压力表、控制阀门等附件安装，按不同公称直径划分定额子目，有 DN25 和 DN32 两种。

末端试水装置安装示意图如图 6-3 所示。

1）工程量计算规则

末端试水装置按设计图示数量计算，按不同规格，以"组"为计量单位。

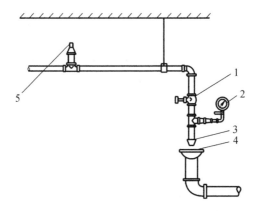

图 6-3　末端试水装置安装示意图

1—截止阀；2—压力表；3—试水接头；4—排水漏斗；5—最不利点处喷头

2）使用定额时应注意的问题

定额是按整体安装考虑的,包括阀门安装、压力表安装。末端试水装置安装中不包括连接管和排水管安装,连接管和排水管安装工程量应计入消防管道的工程量。

六、消火栓安装工程量计算

1.室内消火栓安装

典型室内消火栓安装如图 6-4～图 6-11 所示。

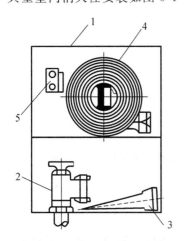

图 6-4　丁型室内消火栓安装

1—消火栓箱；2—消火栓；3—水枪；
4—水带；5—消防按钮

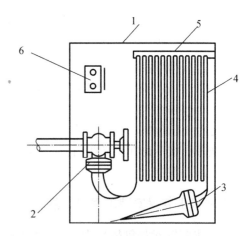

图 6-5　戊型室内消火栓安装

1—消火栓箱；2—消火栓；3—水枪；
4—水带；5—挂架；6—消防按钮

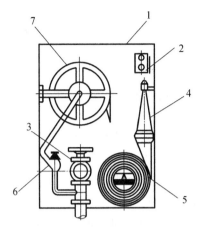

图 6-6　甲型自救式消防卷盘消火栓安装

1—消火栓箱；2—消防按钮；3—消火栓；4—水枪；

5—水带；6—快速接口；7—消防软管套盘

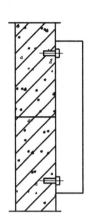

图 6-7　消火栓箱明装示意图

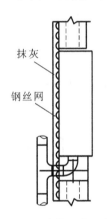

图 6-8　消火栓箱暗装示意图

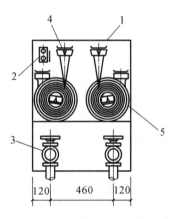

图 6-9　甲型双栓室内消火栓安装

1—消火栓箱；2—消防按钮；3—消火栓；4—水枪；5—水带

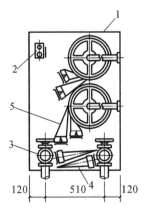

图 6-10　乙型双栓室内消火栓安装

1—消火栓箱；2—消防按钮；3—消火栓；

4—水枪；5—水带

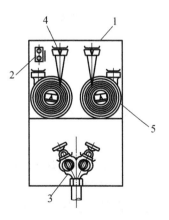

图 6-11　丙型双栓室内消火栓安装

1—消火栓箱；2—消防按钮；3—消火栓；

4—水枪；5—水带

1）室内消火栓常见形式

室内消火栓成套产品包括除消防按钮外的消火栓箱、消火栓、水枪、水龙带、水龙带接口、挂架、消防按钮。其中消防按钮的安装另行计算。

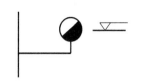

图 6-12　室内消火栓进水管布置

室内消火栓进水管布置如图 6-12 所示，其管道工程量计算根据给水形式的不同算至消火栓。

2）工程量计算规则

室内消火栓安装区分单栓和双栓，以"套"为计量单位，所带消防按钮的安装应另行计算。

3）使用定额时应注意的问题

室内消火栓组合卷盘安装执行室内消火栓全国统一安装工程预算定额，乘以 1.2 的系数。室内消火栓组合卷盘成套产品包括消火栓箱、消火栓、水枪、水龙带、水龙带接口、挂架、消防按钮、消防软管卷盘，其中消防按钮的安装另行计算。

2. 室外消火栓安装工程量计算

1）室外消火栓

室外消火栓如图 6-13 所示。

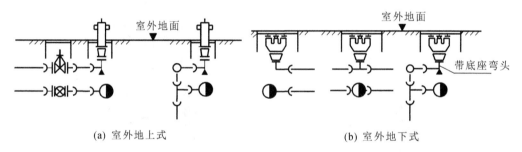

(a) 室外地上式　　　　　　　　　　　　(b) 室外地下式

图 6-13　室外消火栓

2）工程量计算规则

室外消火栓安装区分规格、工作压力和覆土深度，以"套"为计量单位。

3）使用定额时应注意的问题

（1）室外消火栓安装定额包括挖土、覆土的工作内容，挖土、覆土的工作内容不可另计。

（2）室外消火栓安装定额按成套产品考虑包括内容。

3. 消防水泵接合器安装工程量计算

1）消防水泵接合器

消防水泵接合器如图 6-14 所示。

2）工程量计算规则

消防水泵接合器安装区分安装方式和规格，以"套"为计量单位。

3）使用定额时应注意的问题

（1）设计要求有短管时，短管本身价值可以另计，其余不变。

（2）消防水泵接合器安装定额按成套产品考虑其包括内容。

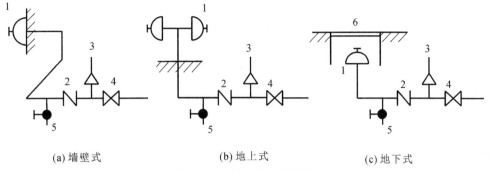

(a) 墙壁式　　　　　　　(b) 地上式　　　　　　　(c) 地下式

图 6-14　消防水泵接合器

1—消防接口；2—止回阀；3—安全阀；4—阀门；5—放水阀；6—井盖

七、管道支架制作安装工程量计算

1. 工程量计算规则

管道支吊架制作安装定额包括支架、吊架，按支架重量"kg"为计量单位计算工程量。

2. 使用定额时应注意的问题

管道支架制作安装定额适用于水灭火系统、气体灭火系统、泡沫灭火系统管道支架的制作、安装。火灾报警系统管道支架的制作、安装执行第四册《电气设备安装工程》一般铁构件制作、安装相应定额子目。

八、自动喷水灭火系统管网水冲洗工程量计算

1. 工程量计算规则

自动喷淋水灭火系统管网水冲洗区分管径规格，以"100 m"为计量单位。

2. 使用定额时应注意的问题

（1）自动喷水灭火系统管网水冲洗定额中已包括制堵盲板、安装和拆除临时管线、通水冲洗和清理。

（2）自动喷水灭火系统管网水冲洗定额按水冲洗考虑，采用水压气动冲洗法时，可按施工方案另行计算。

九、消防水泵间安装工程量计算

工程量计算规则如下。

1）水泵间管道安装

水泵间管道安装以施工图示管道中心线长度，以"m"计量。

2）法兰、阀门、电动阀门安装

法兰、阀门、电动阀门安装套用第八册《工业管道安装工程》相关定额项目。

3）管道支架、吊架制作安装

管道支架、吊架制作安装按一般管架、木垫式管架、弹簧式管架分类，以"kg"计量。

4）管道支架刷油

管道支架刷油以"kg"计量，套用第十二册《刷油、防腐蚀、绝热工程》相关定额项目。

5）管道刷油

管道刷油以"m²"计量，套用第十二册《刷油、防腐蚀、绝热工程》定额项目。

6）消防水泵房管道冲洗

消防水泵房管道冲洗按规格，以"m"计量，套用第八册《工业管道安装工程》相关定额项目。

7）消防水泵房管道液压试验

消防水泵房管道液压试验按规格，以"m"计量，套用第八册《工业管道安装工程》相关定额项目。

8）管道穿墙、穿楼板套管制作安装

管道穿墙、穿楼板套管制作安装以"个"计量，套用第十册《给排水、采暖、燃气工程》相关定额项目。

9）消防水泵安装

消防水泵安装按区分水泵单重，以"台"为计量单位，套用第一册《机械设备安装工程》相应定额项目。

任务 3 火灾自动报警系统安装工程工程量计算

一、探测器安装工程量计算

1. 点型探测器

点型探测器不分规格、别号、位置、安装方式，以"只"为计量单位。点型探测器安装包括探头和底座的安装及本体调试。

2. 线型探测器

线型探测器的安装方式按环绕、正弦及直线综合考虑。线型探测器不分保护形式，以"m"为计量单位。线型探测器安装定额中未包括探测器连接的一只模块和终端，一只模块和终端安装的工程量应按相应定额另行计算。

3. 红外线探测器

红外线探测器以"对"为计量单位。红外线探测器是成对使用的,在计算时一对为两只。红外线探测器安装定额工作内容包括探测器安装和调试、对中。

二、模块(接口)安装工程量计算

1. 工程量计算

根据模块的作用,模块(接口)安装定额分为控制模块(接口)安装定额和报警模块(接口)安装定额两种。

控制模块(接口)是指仅能起控制作用的模块(接口),也称为中继器,根据给出控制信号的数量,分为单输出和多输出两种形式。控制模块(接口)不分安装方式,按输出数量以"只"为计量单位。

报警模块(接口)不起控制作用,只起监视、报警作用。报警模块(接口)不分安装方式,以"只"为计量单位。

2. 模块安装

模块通常安装在接线盒内,如图 6-15 所示,也可将每层的模块集中安装在模块箱中,将模块箱安装在配电间或弱电竖井中,这时应计算一个接线盒安装或接线箱安装工程量,套用第四册定额相应子目。

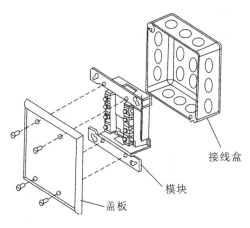

接线盒

模块

盖板

图 6-15　模块安装

三、火灾报警-联动设备安装工程量计算

1. 报警控制器

报警控制器按线制的不同分为多线制和总线制两种,按安装方式的不同分为壁挂式和落地

式两种。在不同线制、不同安装方式中,报警控制器按照"点"数的不同划分定额子目,以"台"为计算单位。

多线制"点"数是指报警控制器所带报警器件(探测器、报警按钮等)的数量。

总线制"点"数是指报警控制器所带有地址编码的报警器件(探测器、报警按钮、模块等)的数量。如果一个模块带有数个探测器,则只能计为一个点。

2. 联动控制器

联动控制器按线制的不同分为多线制和总线制两种,按安装方式不同分为壁挂式和落地式。在不同线制、不同安装方式中,联动控制器按照"点"数的不同划分定额子目,以"台"为计算单位。

多线制"点"数是指联动控制器所带联动设备的状态控制和状态显示的数量。

总线制"点"数是指联动控制器所带的有控制模块(接口)的数量。

3. 报警联动一体机

报警联动一体机按安装方式不同分为壁挂式和落地式两种。它按照"点"数的不同划分定额子目,以"台"为计算单位。

这里的"点"数是指报警联动一体机所带的有地址编码报警器件与控制模块(接口)的数量。

四、按钮安装工程量计算

按钮包括消火栓按钮、手动报警按钮、气体灭火启/停按钮。按钮不分明装和暗装,以"个"为计量单位。按钮安装定额按照在轻质墙体和硬质墙体上安装两种方式综合考虑,执行时不得因安装方式不同而调整。

消火栓箱内启泵按钮如图 6-16 所示。

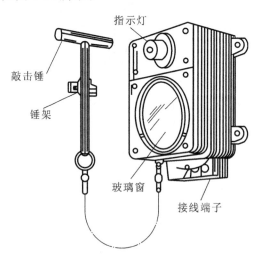

图 6-16　消火栓箱内启泵按钮

五、楼层显示器（重复显示器）安装工程量计算

重复显示器（楼层显示器）不分规格、型号、安装方式，以"台"为计量单位。

六、火灾警报装置安装工程量计算

警报装置分两大类，即声光报警器和警铃。声光报警器安装和警铃安装均以"台"为计量单位。

声光报警器安装方法如图 6-17 所示。

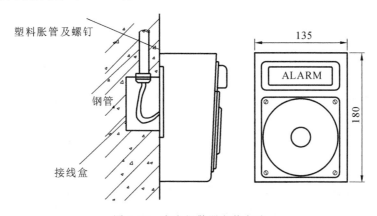

图 6-17 声光报警器安装方法

七、火灾事故广播系统安装工程量计算

火灾事故广播中的功放机、录音机的安装按柜内和台上两种方式综合考虑，均以"台"为计量单位。

八、消防通信系统安装工程量计算

消防通信系统安装工程量计算规则如下。

（1）消防电话交换机安装以通话门数分档，如 20 门、40 门、60 门等，以"台"为计量单位。

（2）电话交接箱、电话分线箱、分线盒或端子箱安装以"个"或"台"为计量单位。

（3）消防通信电话分机安装不分台式、壁挂式，以"部"计量。

（4）消防专用电话机插孔（座）安装不分插座（孔）型号、规格，均以"个"计量。

（5）消防广播控制柜是指安装成套消防广播设备的成品机柜。消防广播控制柜安装不分规格、型号，以"台"为计量单位。

（6）报警备用电源安装定额综合考虑了规格、型号。报警备用电源安装以"个"为计量单位。

火灾报警电话插座安装如图 6-18 所示。

手持电话机

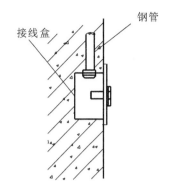

图 6-18　火灾报警电话插座安装

九、报警备用电源安装工程量计算

报警备用电源安装定额综合考虑了规格、型号,报警备用电源安装以"台"为计量单位。

十、消防系统调试工程量计算

消防系统调试包括自动报警系统调试、水灭火系统调试、火灾事故广播系统调试、消防通信系统调试、消防电梯系统调试、电动防火门调试、防火卷帘门调试、正压送风阀调试、排烟阀调试、防火阀控制装置调试、气体灭火系统装置调试。

（1）自动报警系统包括由各种探测器、报警按钮、报警控制器组成的报警系统。自动报警系统调试区分点数,以"系统"为计量单位。自动报警系统的点数按多线制报警的与总线制报警器的点数计算。

（2）水灭火系统控制装置调试按照点数,以"系统"为计量单位。水灭火系统的点数按多线制与总线制联动控制器的点数计算。

（3）火灾事故广播系统、消防通信系统中的消防广播喇叭、音响和消防通信的电话分机、电话插孔调试,按数量,以"个"为计量单位。

（4）消防用电梯与控制中心间的控制调试以"部"为计量单位。

注意:消防系统调试工作内容中已包括单体调试、系统调试和联动调试。

刷油、绝热、防腐蚀工程工程量计算

■ **知识目标**

1. 熟悉刷油、绝热工程定额手册。
2. 熟悉除锈、刷油、绝热工程的种类。
3. 能叙述除锈、刷油、绝热工程工程量的计算方法。

■ **技能目标**

1. 能识记定额中各项费用的规定、使用定额时的注意事项。
2. 能准确进行除锈、刷油、绝热工程工程量的计算。

任务 **1** 定额概述（第十二册）

一、刷油、绝热、防腐蚀工程预算定额的适用范围

刷油、防腐蚀、绝热工程预算定额适用于适用本市新建、扩建、改建工程中的设备、管道、金属结构等的刷油、防腐蚀、绝热工程。

二、刷油、绝热、防腐蚀工程预算定额的编制依据

刷油、防腐蚀、绝热工程预算定额依据的主要标准、规范如下。

(1)《工业设备及管道防腐蚀工程施工规范》(GB 50726—2011)。

(2)《工业设备及管道防腐蚀工程施工质量验收规范》(GB 50727—2011)。

(3)《工业设备及管道绝热工程施工规范》(GB 50126—2008)。

(4)《工业设备及管道绝热工程施工质量验收规范》(GB 50185—2010)。

(5)《石油化工绝热工程施工质量验收规范》(GB 50645—2011)。

(6)《涂覆涂料前钢材表面处理　表面清洁度的目视评定　第1部分:未涂覆过的钢材表面和全面清除原有涂层后的钢材表面的锈蚀等级和处理等级》(GB/T 8923.1—2011)。

(7)《涂覆涂料前钢材表面处理　表面清洁度的目视评定　第2部分:已涂覆过的钢材表面局部清除原有涂层后的处理等级》(GB/T 8923.2—2008)。

(8)《橡胶衬里　第1部分:设备防腐衬里》(GB 18241.1—2014)。

(9)《乙烯基酯树脂防腐蚀工程技术规范》(GB/T 50590—2010)。

(10)《钢结构防火涂料》(GB 14907—2002)。

(11)《砖板衬里化工设备》(HG/T 20676—1990)。

(12)《橡胶衬里化工设备设计规范》(HG/T 20677—2013)。

(13)《耐酸砖》(GB/T 8488—2008)。

(14)《绝热用岩棉、矿渣棉及其制品》(GB/T 11835—2007)。

(15)《设备与管道绝热——保温》(08K507-1、08R418-1)。

(16)《管道与设备绝热——保冷》(08K507-2、08R418-2)。

(17)《柔性泡沫橡塑绝热制品》(GB/T 17794—2008)。

(18)《化工安装工程防腐、绝热劳动定额》(LD/T 76.8—2000)。

三、各项费用的规定

(1)脚手架搭拆费:刷油、防腐蚀工程按人工费的7%,绝热工程按人工费的10%,其中人工

均占 35%。

（2）工程超高费（即操作高度增加费）：操作物高度离楼地面标高超过 6.0 m 时，超过部分工程量按定额人工、机械乘以表 7-1 中的系数。

表 7-1　第十二册工程超高费的调整系数

操作物高度	≤30 m	≤50 m
系数	1.2	1.5

四、金属结构

（1）大型型钢：H 型钢结构及任何一边大于 300 mm 以上的型钢均以"m^2"为计量单位。

（2）管廊：除管廊上的平台、栏杆、梯子以及大型型钢以外的钢结构均为管廊，以"kg"为计量单位。

（3）一般钢结构：除大型型钢和管廊以外的其他钢结构，如平台、栏杆、梯子、管道支吊架、托架及其他金属构件等，均以"kg"为计量单位。

（4）由钢管组成的金属结构，执行本册第一章相应定额子目，定额人工乘以系数 1.2。

任务 2　刷油、绝热、防腐蚀工程工程量计算方法

一、除锈、刷油工程工程量计算

除锈、刷油工程内容包括金属表面的手工除锈、动力除锈、喷射除锈、化学除锈工程，以及金属管道、设备与矩形管道、金属结构、铸铁管与暖气片、玻璃布面等多种材质布面、气柜、玛蹄脂面、抹灰面等的刷（喷）油漆工程。

1. 相关说明

（1）除锈工程按除锈方法（手工除锈、用动力工具除锈、喷射除锈、化学除锈）分档，执行第十二册第一章定额子目。

（2）手工除锈、用动力工具除锈的锈蚀标准分为轻、中两种。

轻锈：有已发生锈蚀，并且部分氧化皮已经剥落的钢材表面。

中锈：氧化皮已锈蚀而剥落，或者可以刮除，并且有少量点蚀的钢材表面。

（3）经手工除锈、用动力工具除锈的钢材表面分为 St2 和 St3 两个标准。

St2 标准：钢材表面应无可见的油脂和污垢，并且没有附着不牢的氧化皮、铁锈和油漆涂层等附着物。

St3 标准:钢材表面应无可见的油脂和污垢,并且没有附着不牢的氧化皮、铁锈和油漆涂层等附着物。除锈应比 St2 标准更为彻底,底材显露出部分的表面应具有金属光泽。

(4) 喷射除锈过的钢材表面分为 Sa2、Sa2$^{1/2}$ 和 Sa3 三个标准。

Sa2 标准:彻底的喷射或抛射除锈,钢材表面应无可见的油脂、污垢,并且氧化皮、铁锈和油漆层等附着物已基本清除,其残留物应是牢固附着的。

Sa2$^{1/2}$标准:非常彻底的喷射或抛射除锈,钢材表面应无可见的油脂、污垢、氧化皮、铁锈和油漆层等附着物,任何残留的痕迹应仅是点状或条纹状的轻微色斑。

Sa3 标准:使钢材表面洁净的喷射或抛射除锈,钢材表面应无可见的油脂、污垢、氧化皮、铁锈和油漆层等附着物,该表面应具有均匀的金属色泽。

2. 设备、管道除锈、刷油工程量

设备、管道除锈、刷油按设备、管道表面展开面积计算,以"10 m^2"为工程量计量单位。

(1) 不保温设备筒体、管道除锈、刷油表面积计算公式为

$$S = \pi \times D \times L$$

式中:π——圆周率;

$\quad\quad D$——设备筒体或管道直径(m);

$\quad\quad L$——设备筒体或管道延长米(m)。

(2) 保温设备筒体、管道刷油表面积计算公式为

$$S = \pi \times (D + 2.1\delta) \times L$$

式中:δ——绝热层厚度。

(3) 不保温设备表面积计算公式。

平封头设备表面积计算公式为

$$S_{平} = \pi \times D \times L + 2\pi \times (D/2)^2$$

圆封头设备表面积计算公式为

$$S_{平} = \pi \times D \times L + 2\pi \times (D/2)^2 \times 1.5$$

式中:1.5——圆封头展开面积系数。

(4) 保温设备表面积计算公式如下。

平封头设备表面积计算公式为

$$S_{平} = \pi \times (D + 2.1\delta) \times (L + 2.1\delta) + 2\pi \times (\frac{D + 2.1\delta}{2})^2$$

圆封头设备表面积计算公式为

$$S_{圆} = \pi \times (D + 2.1\delta) \times (L + 2.1\delta) + 2\pi \times (\frac{D + 2.1\delta}{2})^2 \times 1.5$$

式中:1.5——圆封头展开面积系数。

设备、管道除锈、刷油工程量计算规则如下。

(1) 矩形设备区别长边长度,分别计量。

(2) 计算设备筒体、管道表面积时已包括各种管件、阀门、人孔、管口凹凸部分,各种管件、阀门、人孔、管口凹凸部分不再另外计算。

(3) 管道、设备与矩形管道、大型型钢制钢结构、铸铁管暖气片(散热面积为准)的除锈工程

以"m²"为计量单位。

（4）一般钢结构、管廊钢结构的除锈工程以"kg"为计量单位。

（5）抹灰面、玻璃布面、白布面、麻布面、石棉布面、气柜、玛蹄脂面刷油工程以"m²"为计量单位。

3. 金属结构除锈、刷油工程量

用动力工具除锈、化学除锈及 H 型钢制钢结构（包括大于 400 mm 以上的型钢）除锈以"10 m²"为工程量计量单位，金属结构除锈、刷油工程量均按质量以"100 kg"为工程量计量单位。

4. 暖气片除锈、刷油工程量

暖气片除锈、刷油按暖气片的散热面积计算，以"10 m²"为工程量计量单位。铸铁散热器单片散热面积如表 7-2 所示。

表 7-2　铸铁散热器单片散热面积

铸铁散热器	单片散热面积/(m²/片)	铸铁散热器	单片散热面积/(m²/片)
长翼型（大 60）	1.2	M132	0.24
长翼型（小 60）	0.9	四柱 640	0.20
圆翼型 D80	1.8	四柱 760	0.24
圆翼型 D50	1.5	四柱 813	0.28

二、绝热工程量计算

在绝热工程中，绝热层安装按保温材质、管道直径规格、设备形式（立式、卧式）、绝热层厚度分档，以"m³"为工程量计量单位。

伴热管道、设备绝热工程量的计算方法是：主绝热管道或设备的直径加伴热管道的直径，再加 10～20 mm 的间隙作为计算的直径，即 $D = D_{主} + d_{伴} + (10～20 \text{ mm})$。

（1）设备筒体或管道绝热、防潮和保护层计算公式为

$$V = \pi \times (D + 1.03\delta) \times 1.03\delta \times L$$

$$S = \pi \times (D + 2.1\delta) \times L$$

式中：D——设备筒体或管道直径；

　　　1.03、2.1——调整系数；

　　　δ——绝热层厚度；

　　　L——设备筒体或管道延长米。

（2）伴热管道绝热工程量计算公式。

① 单管伴热或双管伴热（管径相同，夹角小于 90°时）：

$$D' = D_1 + D_2 + (10～20 \text{ mm})$$

式中：D'——伴热管道综合值；

　　　D_1——主绝热管道直径；

　　　D_2——伴热管道直径；

10～20 mm——主绝热管道与伴热管道之间的间隙。

② 双管伴热(管径相同,夹角大于 90°时):

$$D' = D_1 + 1.5D_2 + (10 \sim 20 \text{ mm})$$

③ 双管伴热(管径不同,夹角小于 90°时):

$$D' = D_1 + D_{伴大} + (10 \sim 20 \text{ mm})$$

式中:D'——伴热管道综合值;

$D_{伴大}$——伴热管中较大的伴热管道的直径。

(3)设备封头绝热、防潮和保护层工程量计算公式为

$$V = [(D + 1.03\delta)/2]^2 \times \pi \times 1.03\delta \times 1.5 \times N$$

$$S = [(D + 2.1\delta/2)]2 \times \pi \times 1.5 \times N$$

式中:1.05——绝热面积调整系数;

N——个数。

(4)拱顶罐封头绝热、防潮和保护层计算公式为

$$V = 2\pi r \times (h + 1.03\delta) \times 1.03\delta$$

$$S = 2\pi r \times (h + 2.1\delta)$$

式中:h——拱顶罐封头拱的高度;

r——封头顶半径。

(5)当绝热需分层施工时,工程量分层计算,执行设计要求相应厚度子目。分层计算工程量计算公式如下。

第一层:
$$V = \pi \times (D + 1.03\delta) \times 1.03\delta \times L$$

第二层至第 N 层:
$$D' = [D + 2.1\delta \times (N-1)]$$

式中:N——层数。

(6)阀门绝热、防潮和保护层工程量计算公式为

$$V = \pi \times (D + 1.03\delta) \times 2.5D \times 1.03\delta \times 1.05N$$

$$S = \pi \times (D + 2.1\delta) \times 2.5D \times 1.05N$$

式中:N——阀门个数;

1.05——阀门绝热面积调整系数。

(7)法兰绝热、防潮和保护层工程量计算公式为

$$V = \pi \times (D + 1.03\delta) \times 1.5D \times 1.03\delta \times 1.05N$$

$$S = \pi \times (D + 2.1\delta) \times 1.5D \times 1.05N$$

式中:N——法兰个数;

1.05——法兰绝热面积调整系数。

三、防腐蚀工程工程量计算

防腐蚀涂料工程的工程量计算与刷油工程量计算相同,只不过设备、管道、支架不是刷普通油漆而是刷防腐涂料,以"10 m²""100 kg"为工程量计量单位,执行第十二册第二章相应定额子目。

1. 设备筒体、管道表面积计算

设备筒体、管道表面积计算公式同管道刷油表面积公式。

2. 阀门、弯头、法兰表面积计算

（1）阀门表面积计算公式为

$$S = \pi \times D \times 2.5D \times K \times N$$

式中：K——1.05；

N——阀门个数；

D——阀门直径。

（2）弯头表面积计算公式为

$$S = \pi \times D \times 1.5D \times K \times 2\pi \times N/B$$

式中：D——弯头直径；

K——1.05；

N——弯头个数。

（3）法兰表面积计算公式为

$$S = \pi \times D \times 1.5D \times K \times N$$

式中：D——法兰直径；

K——1.05；

N——法兰个数。

3. 设备和管道法兰翻边防腐蚀工程量计算

设备和管道法兰翻边防腐蚀工程量计算公式为

$$S = \pi \times (D+A) \times A$$

式中：D——法兰直径（m）；

A——法兰翻边宽（m）。

此外，还可以采用查表计算法，单位长度排水铸铁管、焊接钢管、无缝钢管等的除锈、刷油、绝热保温层工程量均可直接在表 7-3 中查询数值进行计算。

表 7-3　管道绝热、保护层工程量计算表

序号	公称直径/mm	管道外径/mm	绝热层厚度/mm										
			0		20		25		30		35		40	
			体积/(m³/100 mm)	面积/(m²/100 mm)	体积/(m³/100 mm)	面积/(m²/100 mm)	体积/(m³/100 mm)	面积/(m²/100 mm)	体积/(m³/100 mm)	面积/(m²/100 mm)	体积/(m³/100 mm)	面积/(m²/100 mm)	体积/(m³/100 mm)	面积/(m²/100 mm)
1	6	10	—	3.142	0.198	16.336	0.289	19.634	0.397	22.933	0.522	26.232	0.663	29.530
2	6	12	—	3.770	0.211	16.964	0.305	20.263	0.416	23.561	0.544	26.860	0.689	30.158
3	8	13.5	—	4.241	0.221	17.435	0.318	20.734	0.431	24.032	0.561	27.331	0.708	30.630
4	8	14	—	4.398	0.224	17.592	0.322	20.891	0.436	24.190	0.567	27.488	0.714	30.787

序号	公称直径/mm	管道外径/mm	绝热层厚度/mm 0 体积/(m³/100 mm)	0 面积/(m²/100 mm)	20 体积/(m³/100 mm)	20 面积/(m²/100 mm)	25 体积/(m³/100 mm)	25 面积/(m²/100 mm)	30 体积/(m³/100 mm)	30 面积/(m²/100 mm)	35 体积/(m³/100 mm)	35 面积/(m²/100 mm)	40 体积/(m³/100 mm)	40 面积/(m²/100 mm)
5	8	15	—	4.712	0.230	17.907	0.330	21.205	0.446	24.504	0.578	27.802	0.727	31.101
6	8	16	—	5.026	0.237	18.221	0.338	21.519	0.455	24.818	0.589	28.116	0.740	31.415
7	10	17	—	5.341	0.243	18.535	0.346	21.833	0.465	25.132	0.601	28.431	0.753	31.729
8	10	18	—	5.655	0.250	18.849	0.354	22.148	0.475	25.446	0.612	28.745	0.766	32.043
9	10	19	—	5.969	0.256	19.163	0.362	22.462	0.484	25.760	0.623	29.059	0.779	32.357
10	10	20	—	6.283	0.263	19.477	0.370	22.776	0.494	26.074	0.635	29.373	0.792	32.672
11	15	21	—	6.597	0.269	19.791	0.378	23.090	0.504	26.389	0.646	29.687	0.805	32.986
12	15	21.3	—	6.691	0.271	19.886	0.381	23.184	0.507	26.483	0.649	29.781	0.809	33.080
13	15	22	—	6.911	0.276	20.106	0.386	23.404	0.514	26.703	0.657	30.001	0.818	33.300
14	15	23	—	7.225	0.282	20.420	0.394	23.718	0.523	27.017	0.669	30.315	0.831	33.614
15	15	24	—	7.540	0.289	20.734	0.402	24.032	0.533	27.331	0.680	30.630	0.844	33.928
16	15	25	—	7.854	0.295	21.048	0.411	24.347	0.543	27.645	0.691	30.944	0.857	34.242
17	20	26.8	—	8.419	0.307	21.614	0.425	24.912	0.560	28.211	0.712	31.509	0.880	34.808
18	20	27	—	8.482	0.308	21.676	0.427	24.975	0.562	28.274	0.714	31.572	0.883	34.871
19	20	28	—	8.796	0.315	21.991	0.435	25.289	0.572	28.588	0.725	31.886	0.896	35.185
20	20	29	—	9.110	0.321	22.305	0.443	25.603	0.581	28.902	0.737	32.200	0.909	35.499
21	20	30	—	9.425	0.327	22.619	0.451	25.917	0.591	29.216	0.748	32.515	0.922	35.813
22	20	32	—	10.053	0.340	23.247	0.467	26.546	0.611	29.844	0.771	33.143	0.947	36.441
23	25	33.5	—	10.524	0.350	23.718	0.479	27.017	0.625	30.315	0.788	33.614	0.967	36.913
24	25	34	—	10.681	0.353	23.875	0.483	27.174	0.630	30.473	0.793	33.771	0.973	37.070
25	25	35	—	10.995	0.360	24.190	0.491	27.488	0.640	30.787	0.805	34.085	0.986	37.384
26	25	36	—	11.309	0.366	24.504	0.500	27.802	0.649	31.101	0.816	34.399	0.999	37.698
27	25	38	—	11.938	0.379	25.132	0.516	28.431	0.669	31.729	0.839	35.028	1.025	38.326
28	25	40	—	12.566	0.392	25.760	0.532	29.059	0.688	32.357	0.861	35.656	1.051	38.955
29	32	42	—	13.194	0.405	26.389	0.548	29.687	0.708	32.986	0.884	36.284	1.077	39.583
30	32	42.3	—	13.289	0.407	26.483	0.550	29.781	0.711	33.080	0.887	36.379	1.081	39.677
31	32	45	—	14.137	0.425	27.331	0.572	30.630	0.737	33.928	0.918	37.227	1.116	40.525
32	40	48	—	15.079	0.444	28.274	0.597	31.572	0.766	34.871	0.952	38.169	1.155	41.468

续表

序号	公称直径/mm	管道外径/mm	绝热层厚度/mm										
			0		20		25		30		35		40	
			体积/(m³/100 m)	面积/(m²/100 m)	体积/(m³/100 m)	面积/(m²/100 m)	体积/(m³/100 m)	面积/(m²/100 m)	体积/(m³/100 m)	面积/(m²/100 m)	体积/(m³/100 m)	面积/(m²/100 m)	体积/(m³/100 m)	面积/(m²/100 m)
33	40	50	—	15.708	0.457	28.902	0.613	32.200	0.785	35.499	0.975	38.798	1.180	42.096
34	40	51	—	16.022	0.463	29.216	0.621	32.515	0.795	35.813	0.986	39.112	1.193	42.410
35	40	53	—	16.650	0.476	29.844	0.637	33.143	0.814	36.441	1.009	39.740	1.219	43.039
36	40	54	—	16.964	0.483	30.158	0.645	33.457	0.824	36.756	1.020	40.054	1.232	43.353
37	40	55	—	17.278	0.489	30.473	0.653	33.771	0.834	37.070	1.031	40.368	1.245	43.667
38	40	56	—	17.592	0.496	30.787	0.661	34.085	0.844	37.384	1.042	40.682	1.258	43.981
39	50	57	—	17.907	0.502	31.101	0.669	34.399	0.853	37.698	1.054	40.997	1.271	44.295
40	50	60	—	18.849	0.522	32.043	0.694	35.342	0.882	38.640	1.088	41.939	1.310	45.238
41	50	63	—	19.791	0.541	32.986	0.718	36.284	0.912	39.583	1.122	42.881	1.349	46.180
42	50	63.5	—	19.949	0.544	33.143	0.722	36.441	0.916	39.740	1.127	43.039	1.355	46.337
43	50	65	—	20.420	0.554	33.614	0.734	36.913	0.931	40.211	1.144	43.510	1.375	46.808
44	50	68	—	21.362	0.573	34.557	0.758	37.855	0.960	41.154	1.178	44.452	1.413	47.751
45	50	70	—	21.991	0.586	35.185	0.775	38.483	0.979	41.782	1.201	45.081	1.439	48.379
46	65	73	—	22.933	0.606	36.127	0.799	39.426	1.009	42.724	1.235	46.023	1.478	49.322
47	65	75	—	23.561	0.619	36.756	0.815	40.054	1.028	43.353	1.258	46.651	1.504	49.950
48	65	75.5	—	23.718	0.622	36.913	0.819	40.211	1.033	43.510	1.263	46.808	1.510	50.107
49	65	76	—	23.875	0.625	37.070	0.823	40.368	1.038	43.667	1.269	46.965	1.517	50.264
50	65	80	—	25.132	0.651	38.326	0.855	41.625	1.077	44.923	1.314	48.222	1.569	51.521
51	65	83	—	26.074	0.670	39.269	0.880	42.567	1.106	45.866	1.348	49.164	1.608	52.463
52	65	85	—	26.703	0.683	39.897	0.896	43.196	1.125	46.494	1.371	49.793	1.633	53.091
53	65	86	—	27.017	0.690	40.211	0.904	43.510	1.135	46.808	1.382	50.107	1.646	53.406
54	80	88.5	—	27.802	0.706	40.997	0.924	44.295	1.159	47.594	1.411	50.892	1.679	54.191